掌尚文化

Culture is Future

尚文化·掌天下

"城市人"视角下的
城市公园规划与
设计研究

任 逸 著

经济管理出版社
ECONOMY & MANAGEMENT PUBLISHING HOUSE

图书在版编目（CIP）数据

"城市人"视角下的城市公园规划与设计研究／任逸著．—北京：经济管理出版社，2023.9

ISBN 978-7-5096-9304-9

Ⅰ.①城…　Ⅱ.①任…　Ⅲ.①城市公园—园林设计—研究　Ⅳ.①TU986.2

中国国家版本馆 CIP 数据核字（2023）第 183975 号

组稿编辑：张　昕
责任编辑：张　昕
责任印制：张莉琼
责任校对：蔡晓臻

出版发行：经济管理出版社
　　　　　（北京市海淀区北蜂窝 8 号中雅大厦 A 座 11 层　100038）
网　　址：www.E-mp.com.cn
电　　话：(010) 51915602
印　　刷：唐山昊达印刷有限公司
经　　销：新华书店
开　　本：710mm×1000mm /16
印　　张：19.5
字　　数：320 千字
版　　次：2023 年 10 月第 1 版　　2023 年 10 月第 1 次印刷
书　　号：ISBN 978-7-5096-9304-9
定　　价：98.00 元

目　录

第一章　绪论

第二章　研究综述

第三章　游憩行为理论假设

第四章 空间格局研究与线上调查

第一节 空间格局研究

第二节 线上调查

第五章 城市公园游憩行为的实地调研

第一节 实地调研情况

第二节 特定时空中的游憩活动动态研究

第六章　理论假设的验证

第一节　验证的主要内容及意义

第二节　研究方法及步骤

第七章　城市公园规划设计策略

第八章 结论与讨论

参考文献

附 录

第一章 | **绪论**

第一节 研究背景与意义

一、研究背景

1. 以人为本的城市发展路线

城市人居环境质量是影响"城市人"幸福指数的重要因素之一。2010年4月1日在《人民日报》第15版中发表的《中产家庭幸福白皮书》显示，经济发展水平与人们的幸福指数并非成正比。2011年，我国卫生部对10个城市上班族的调查发现，处于亚健康状态的员工高达48%，虽然糖尿病、心脑血管疾病、癌症等高发致死疾病的发病数量有所减少，但总体仍呈上升趋势，除身体健康外，城市居民的心理健康同样值得关注。

1933年发布的《雅典宪章》指出，城市应具备居住、工作、游憩和交通四大功能，应在人口稠密区、废旧建筑、优美的自然风光等地修建供居民游憩休闲的开放绿地。丹尼尔·贝尔在20世纪60年代提出人类将面临生活闲暇时间少可能引发的社会问题，美国国家游憩与公园协会（National Recreation and Park Association，NRPA）1995年出版的《公园游憩开放空间和绿道导则》，对城市公园与开放空间有了标准化细节的规范，成为北美地区制定公园总体规划及其游憩服务总体规范性的参考标准。1999年英国开展了以高品质游憩塑造城市可持续性活力的城市复兴运动，并编写《迈向城市的文艺复兴》（*Towards an Urban Renaissance*）活动报告。2008年，世界自然保护组织（IUCN）和世界保护区委员会（WCPA）共同编制了澳大利亚和新西兰《城市与保护区公园编制"公园价值"报告》，强调了城市社会、城市公园与保护区三者之间的重要联系，对于人们的城市游憩休闲具有重要的引导意义。联合国教科文组织（UNESCO）国际协调理事会 2009 年 5 月在巴黎的人与生物圈计划中，将"游憩"列为十大主题，对城市的游憩功能提出"应具备邻里供给需求"的更高级别标准，强调了城市游憩功能的社交关系结构。

2015 年，中央城市工作会议提出了城市的可持续与宜居性发展战略，标志着中国城市规划与城市研究发展开始由"物"向"人"侧重[1]。2016 年第三届联合国住房和城市可持续发展大会（以下简称"人居三"会议）召开，国家制定了一系列城市设计与规划方面的相关政策，从城市"双修"、开放式街区到"300 米见绿 500 米见园"。2018 年 2 月，习近平总书记提出了"公园城市"概念[2]，明确了城市的核心是人，城市的可持续发展应以人为本，解决生态资源与社会资源不均衡的问题[3]。2022 年 1 月 6 日，国家住房和城乡建设部在《国家园林城市评选标准》中明确提出"人均公园绿地面积不低于 5.0 平方米/人""公园绿化活动场地服务半径覆盖率不得低于 85%"，确立了城市公园、人均资源、服务功能的发展新标准，说明国家越来越明确"以人为本"的未来城市化发展路线。

2. 郑州作为城市研究的典型性

郑州是河南省省会，位于华北平原南部、黄河中下游，东接开封，西依洛阳，北邻黄河与新乡、焦作相望，南部与许昌接壤，西南与平顶山相邻，市域面积 7567 平方千米，下辖 9 区 6 市（县），常住人口 1274.2 万[4]。2020 年郑州城市化率达到 78.4%，2021 年郑州地区生产总值为 12691 亿元，是 9 个国家中心城市之一。

随着 2016 年 12 月 20 日国务院批复《促进中部地区崛起"十三五"规划》和《中原城市群发展规划》，2017 年 4 月 1 日国务院在郑州挂牌成立中国（河南）自由贸易试验区，郑州近年来取得了举世瞩目的发展成果。与此同时，新时期的郑州在迎来重要发展机遇的同时，也迎来了多方面挑战。

2016 年 12 月，国家发展和改革委员会发布了《关于支持郑州建设国家中心城市的指导意见》，标志着郑州正式进入国家"一带一路"重要节点城市发展规划当中[5]。2016 年 12 月 20 日，国务院批复《促进中

部地区崛起"十三五"规划》和《中原城市群发展规划》[6]。2017 年 6
月，中共河南省委、省政府印发了《河南省建设中原城市群实施方案》，
提出把郑州国家中心城市建设作为突破口，建设具有特色的中原城
市群[7,8]。

2017 年 2 月 7 日，郑州市政府正式公布《郑州建设国家中心城市行动
纲要（2017—2035 年）》（以下简称《行动纲要》），明确了郑州建设国
家中心城市的发展目标、思路、任务、重点和举措。2018 年，由河南省委
办公厅、河南省政府办公厅共同印发的《郑州大都市区空间规划（2018—
2035 年）》（以下简称《空间规划》），对郑州未来 17 年的规划提出"一
核、四轴、三带、多点"的发展策略，充分扩大郑州市对周边城市、乡镇
等人居结构的影响力。

郑州是典型的交通型城市形态格局，城市地标按交通环状结构分布形
态较为明显[9]。研究表明，郑州市是明显依附于交通管理因素与交通网格
为规划建设依据的城市格局[10]。2022 年 1 月，国务院印发《"十四五"现
代综合交通运输体系发展规划》，明确将郑州作为交通枢纽城市，提升其
城市的国际门户作用。在 2022 年 1 月的河南省"十三届人大六次会议和省
政协十二届五次会议"上，"1+4"变"1+8"的郑州都市圈被写入《河南
省政府工作报告》，为郑州人居环境奠定了人居空间活动的研究典型性
基础。

二、研究问题

公园绿地作为城市绿色基础设施，对于城市自然结构保持与生态可持
续具有重要作用。近年来，我国城市公园建设成就斐然，但是城市游憩资
源在城市空间中却出现了资源分布不均衡的现象，主要表现在：

（1）游憩资源与人口分布的不平衡。游憩空间不均衡主要体现在区
域资源供给与人口需求之间的匹配关系不均衡[11]。现有研究认为，游憩
空间分布受交通因素影响最大[12]，交通是城市空间格局形态的主要结构
支撑，而城市资源供给与人口需求也会受到地理空间、经济、人文结构
等多重因素的影响[13]，导致出现城市区域人口规模与区域游憩空间规模

的不匹配,主要是城市公园的数量、覆盖范围、可达性等的不匹配。

(2) 游憩资源质量与服务供给不平衡。游憩资源质量不均衡的主要表现是高档社区周边游憩资源质量普遍较高,而一般社区周边游憩资源质量普遍较低,老城区游憩资源(主要是指公园与健身、游憩设施)建成年代久远,落后的款式和功能与新城区游憩设施形成鲜明对比。城市不同区域空间的管理与服务水平也有所不同[14]。相对于新城区,老城区缺少合理的游憩服务管理机制,老城区的区域经济条件相对落后,用于公共空间管理的资金支持不足,加上人口多样性、环境复杂等现实因素,导致服务管理与运维成本增加,造成游憩服务水平整体偏低,与新城区的游憩服务供给形成较大差距。随着"300 米见绿 500 米见园"和"城市有机更新"规划理念的落实,一大批城市公园、口袋公园和街头绿地已建成或正在建设中,城市的人文价值得到了较大的提升,城市公园作为城市重要的历史文化符号,应当体现出城市地域历史人文脉络的印记,以及城市居民对城市记忆的身份认同[15]。

(3) 城市公共空间社交功能不完善。城市公园中的游憩行为多以家庭、好友之间的交往为主,不同群体之间的社会交往较少。个体之间(亲密关系以外)的关系需要一种"去功能化""扁平化"的平等交流机会,以减少社会个体之间的不信任,增进地区社会接触的公平性[16]。这体现在城市公园在城市地域性、文化性与普世性的价值认同。城市公园设计虽然关注到社交功能公共空间的营造,但缺少"容量"的设计,很难见到被组织在一起的社会性活动,忽略了城市公园对于人际关系构建的功能。

(4) 游憩体验特色不突出。城市公园"千城一面"的现象,使游憩体验变得十分单调乏味[17]。大多数城市公园的规划设计缺少明确的功能标签,使人们对城市公园的游憩体验认知存在偏差。对于新公园的游憩体验,参与者往往可以根据对以往其他公园的经验想象出来,以至于人们对城市公园的需求也仅仅是"随便转转",而并非带有一定游憩行为的目的性,从空间形态到功能供给,普遍追求"大而全",缺乏独特的游憩体验功能,导致人们对城市公园认知的模糊性及地域识别的不确定性。

三、研究内容

第一，城市公园中的游憩行为影响要素结构。

第二，"城市人"理论在城市公园游憩行为中的理论结构假设。

第三，城市公园游憩资源的规划模式与优化策略。

四、研究目的及意义

（1）为城市公园规划设计提供理论支撑。城市公园对一座城市的生态保持与生物多样性具有重要的作用，同时也为人们享受闲暇时刻美好生活的游憩活动提供了空间场所。随着城市快速发展和人民生活水平提高，人们对城市公园游憩品质的需求也越来越高，如何做好城市公园建设，破解游憩资源分布不平衡、品质不高、功能不完善、特色不突出的矛盾，需要多学科共同研究，以风景园林学、游憩学及环境心理学相结合的方法开展研究，为城市公园的规划设计提供理论支撑与参考。

（2）为城市公园游憩体验提供评估方法。目前对游憩行为的研究多是从空间结构要素出发，而对城市公园游憩行为主体的研究尚处于模糊的阶段，因此，从"城市人"理论视角出发，结合实地调查，以"理论演绎—假设验证—制定策略"的思路开展研究，为城市公园游憩体验提供可参考的评估方法。

（3）为城市公园游憩功能供给提供策略。以郑州市为研究对象，代表性较强。郑州市地处中原腹地，市区人口分布不均，结构复杂，城区间生活水平差异较大，针对郑州城市公园中存在的主要问题，提出应对策略与方法，对于郑州正在开展的城市更新工作具有一定的参考价值。

第二节　研究概念、方法与框架

一、基本概念

1. 城市人

城市人（Homo Urbanicus）的英文释义由代表生物特性的"人"的"Homo"和代表"都市人"的"Urbanicus"组成，其含义是去政治化、社会化、经济化的城市自然人。城市规划著名学者梁鹤年先生将"城市人"定义为"一个理性选择聚居去追求空间接触机会的人"[18]。其中，"理性选择"是城市人行为的价值取向，也可以是一种行为目的，"聚居"是指城市空间结构，"追求空间接触机会"则是通过"理性选择"来实现价值获取的行为表达。城市人定义包括三个原则：一是城市人在城市中具有普遍性，所有与城市空间进行接触的人都可以称为城市人；二是城市人的所有空间接触行为都以价值取向为标准，也就是一种"理性"选择的前提；三是城市人的接触行为不但适用于人与空间的接触，同时也适用于空间中的人与人的接触。

城市人对应的内容是城市空间与自然特性的人，这就使"城市人"的概念与在城市研究领域中的"公民""市民""居民"的概念区别开来："公民"（People）也可译为人民，是我国宪法所确定基本权利的一般性主体，"公民"体现出个体最基本、最普遍的社会要素与政治要素，以"公民"定义的个体表现出一种去地理空间化的国家要素，本质是一种国家宪法赋予的权力身份；"市民"（Citizen）则是在"公民"定义的基础上，强化了在地理空间范畴上的结构要素，这种结构要素主要由行动参与的需求与城市服务的供给两方面构成，以个体的城市行动参与为功能体现；"居民"（Residents）强化的是个体在一定地理空间范围内的聚居要素，是在"市民"城市范围基础上更加精确的空间范围。"城市人"对于个体的定义既有空间范围所体现的"聚居"，也有一定空间权力的"接触"，强调空间作用关系的行为主体（人）对行为客体（空间）的接触。

从对应的研究内容来说，"公民"对应权利与义务的内容，"市民"虽然对应行动参与的需求与城市服务的供给，但属于特定地理空间范围的个体要素，因此也不适合作为游憩行为研究的个体概念。"居民"含有个体在地理空间中对居住功能的依赖，无法对居住地范围之外的个体产生更为精确的界定，而游憩行为是一种较为普遍的行为类型，可能包含跨地域、跨城市的现象，因此"居民"也并不是表示个体游憩行为的精准概念。"城市人"则是一种对"与城市产生空间接触"的个体的普遍称谓，并不特指某一城市的居民，而是将从不同地区进入城市公园的外来人口与本地人口统称为该城市的"城市人"。"城市人"以"城市"和"人"的自然关系作为解析条件，体现出作为行为主体的人在城市空间中进行理性接触的行为价值。此外，对于风景园林学科的研究内容来说，其本身并不涉及或极少涉及空间政治、空间社会等领域，因此以一种去政治化、去社会化的"城市人"作为个体行为研究的概念，在研究语境与结构逻辑中都能对应较为精准的研究内容。

2. 城市公园

根据《公园设计规范》（GB 51192-2016），公园（Public Park）的定义是向公众开放，以游憩为主要功能，并具有较完善的设施，兼具生态、美化环境等作用的绿地。城市公园（Urban Park）目前尚无一致准确的定义，按照《公园设计规范》（GB 51192-2016），公园的实质是一种具有游憩功能的绿地，因此可以泛指"在城市市域范围内以游憩为主要功能的公共开放型绿地"。

城市公园是城市主要的游憩公共空间，这种公共空间并不局限于人的"居住"与"流动"的关系，也不局限于公园边界的封闭限制[19]。城市吸引力对本地人来说是提升人地情感、实现自我价值的综合体现，对外地人来说是外出游憩、工作旅居的重要选择，城市公园作为城市绿地系统的生态资源，可以满足人们在户外环境的日常游憩体验[20]。根据《城市绿地分类标准》（CJJ/T 85-2017），城市公园包括综合公园、专类公园、植物园、历史名园、遗址公园、游乐公园、其他专类公园、游园、广场用地、森林公园、湿地公园等。

3. 游憩

游憩（Recreation）的本质是一种人与空间的关系互动，具有"再生、恢复"的意思。对人而言，游憩在意识、精神、身体三方面都具有再生功能[21]。其英文释义 Recreation 的本意是"to refresh"，因此也包括"休养"和"娱乐"。中国古代关于游憩的记载最早出现于魏晋南北朝，北魏郦道元在《水经注·洭水》中云："渌水平潭，碧林侧浦，可游憩矣。"北魏杨炫之则有《洛阳伽蓝记·凝玄寺》："唯冠军将军郭文远游憩其中，堂宇园林，匹於邦君。"《晋书·羊祜传》中有："襄阳百姓於岘山祜平生游憩之所建碑立庙，岁时飨祭焉。"可见，中国古代对"游憩"的定义是一种人与自然环境的融洽体现。

1907 年的《开放空间法》（Open Space Act）首次提出了城市开放空间与城市游憩空间的关系[22]，斯坦斯菲尔德（Stansfield，1970）提出游憩活动的社会与生活必要性。佩吉基于旅游学视角，认为城市游憩行为的时空分布特征与社会心理特征决定了游憩需求并不等同于旅游需求，游憩需求在城市中更多体现出的是一种人与空间的交互行为。斯蒂芬 L. J. 史密斯在《游憩地理学》中则认为："游憩是一种难以被界定的概念，在实际应用中，游憩通常指可被观察与可用的土地利用，因此游憩在地理空间范畴中可被理解为娱乐、运动、游戏、文化、旅游等多种行为现象。"

国内学者保继刚和楚义芳在《旅游地理学》中指出：游憩一般指人们在闲暇时间进行的所有活动，它的主要功能为恢复人的体力与精力，游憩所包含的活动内容范围十分广泛，包括在家看电视与外出旅行度假[23]。张汛翰将游憩的定义从"个人活动"扩大为"个人与团体组织活动"的层面，认为游憩是令人们满足与收获愉悦的活动，具有日常性与随意性的特点，是人们享受现代生活的休闲方式[24]。俞晟认为，游憩是距居住地存在一定距离范围的，能够给行为者带来生理与心理愉悦感受，并使其获得精力与体力恢复的合法行为[25]。

综上所述，游憩是一种与旅游类似但不完全相同的活动方式，该活动方式包括休闲、娱乐、游戏、休憩、文化等一切人与空间接触的身心愉悦活动，也是体现人理性接触空间的"典型人居"行为，游憩空间要素与空间活动是提高人居环境满意度的重要表现[26]。

二、研究方法

1. 演绎法

演绎法是一种推理方法，又称演绎推理（Deductive Reasoning）。演绎（Deduction）是将一种普遍的公理作为基础向前推理（Inference）。演绎法通常被用于行为推理和理论推理，从一般公理得出结论。本书以演绎法作为构建理论假设的过程方法，将"城市人"理论作为一般理论（大前提），游憩理论作为推理演绎的充分条件（小前提），最终得到游憩行为理论结构（推理结论），以推理结论作为针对问题制定解决方案的依据。本书主要使用一般结构的三段论与构建假设的假言推理方法，从"城市人"理论推理得到假设的结果，再通过实证研究对假设的推理结果进行验证，完成实证研究的因果逻辑闭环。

2. 结构方程模型（SEM）

游憩行为研究基于个人行为表现、情感表达、接触满意度等非量化的指标，因此适合采用结构方程模型（Structural Equation Model，SEM）方法进行研究。SEM 是一种普遍应用于社会学、心理学、经济管理学的技术方法，基于大样本量数据，适用于研究心理感知、空间认知、行为习惯等难以准确测量的潜变量关系结构，同时能够处理多个因变量相互之间的关系。本书通过实证研究来验证假设理论，需要以结构方程模型构建相应验证性因子分析，得到理论模型，从模型拟合优度对理论假设的准确性进行验证，从而对游憩资源空间服务进行相应匹配的策略制定。由于结构方程模型主要由验证性因子分析（Confirmative Factor Analysis，CFA）和因果模型两部分组成，因此结构方程模型又可分为测量方程和结构方程。

其中，测量方程为表达观测变量（X，Y）与潜变量（η，δ）之间关系的方程，具体如下：

$$Y = \Lambda_y \eta + \varepsilon \tag{1-1}$$

$$X = \Lambda_x \xi + \delta \tag{1-2}$$

其中，X 表示由 q 个外生（Exogenous）观测指标组成的 q×1 个向量；

Y 为 p 个内生（Endogenous）观测指标组成的 p×1 个向量；Λ_x 为外生观测指标与外生潜变量之间的关系，表示为外生指标 X 在外生潜变量 ξ 中的 q×n 个因子负荷矩阵；Λ_y 则是内生指标与内生潜变量之间的关系，表示为内生指标 Y 在内生潜变量 η 中的 p×m 的因子负荷矩阵；δ 为外生指标 X 的 q 个测量误差构成的 q×1 个向量；ε 为内生指标 Y 的 p 个测量误差构成的 p×1 个向量。

结构方程是表示潜变量与潜变量相互之间关系的方程，具体如下：

$$\eta = B\eta + \Gamma\xi + \zeta \tag{1-3}$$

其中，η 为 m 个内生潜变量组成的 m×1 个向量；ξ 为 n 个外生潜变量组成的 n×1 个向量；B 为内生潜变量 η 之间的关系，即 m×m 的系数矩阵；Γ 是外生潜变量 ξ 对内生潜变量 η 产生的影响，即 m×n 的系数矩阵；ζ 为结构方程的残差，表示 η 在方程中未被解释的部分，即 m×1 的向量。

3. 实地调研法

游憩行为研究包括个体行为的细节性研究，为获得人与空间接触需求的动机因素，就必须深入实地，对个体行为与空间环境关系进行近距离观测。本书采用实地调研法对城市公园中的个体进行针对游憩行为的现场观测，包括活动种类、持续时间、活动人数等相关信息的统计，并在此基础上进行针对性的问卷调查，梳理游憩行为与空间要素的结构逻辑关系，作为模型验证理论假设的前提条件。

4. 地理信息系统

地理信息系统（Geographic Information System，GIS）是一种广泛应用于城市研究的方法。其原理是通过遥感影像技术摄取附带多层次地理信息的高清影像资料，将其在 ArcGIS 10.8 软件上进行投射。地理信息系统的优势在于相对较为方便地处理并分析地理空间信息，对于郑州城市公园中的游憩行为分析来说，在空间信息方面的表达主要以游憩行为的点位与公园形态的方式来呈现。其主要以平均最邻近距离、核密度分析、标准差椭圆三种方式作为分析方法。其具体内容如下：

平均最邻近距离是一种探知空间点位要素关系的地理学方法，在城市研究中可以将城市服务功能、设施、资源等作为点位要素进行空间分布格局的关系分析[27,28]。公式为：

$$R = \bar{r}/r_g \tag{1-4}$$

$$r_g = \frac{1}{2\sqrt{n/A}} = \frac{1}{2\sqrt{D}} \tag{1-5}$$

其中，R 为最邻近点的指数，当 R = 1 时，点位呈随机分布；当 R>1 时，点位呈均匀分布；当 R<1 时，点位呈凝聚分布。$\bar{r}$ 为平均最邻近距离，r_g 为点位根据 Poisson 分布的最邻近距离，A 为区域的面积，n 为点位的数量，D 为点位的分布密度。

核密度分析是城市研究中常用的非参数统计方法之一，其作用是通过密度聚集的方式呈现地区热点在地理结构中的分布，常用于地理空间格局中的形态构成研究。核密度分析的函数公式可表达为：

$$\lambda(s) = \sum_{1=1}^{n} \frac{1}{\pi r^2} \varphi(d_\delta/r) \tag{1-6}$$

其中，$\lambda(s)$ 为 s 点位的核密度估计，r 是核密度函数的搜索半径，即带宽，n 为地区样本数，φ 为样本点位 1 与 s 之间的距离 d_δ 的权重。

标准差椭圆是一种广泛用于空间分布趋势分析的研究方法，在城市研究中常用于城市空间格局的分布研究，其原理是采用点位的形式构成城市空间格局的基本形态。在城市公园空间分布中，主要表现为要素分布的主要方向与次要方向的离散程度。在公式中即为转角 θ、沿主轴 X 与辅轴 y 的标准差三个要素构成，公式为：

$$\tan\theta \frac{\left(\sum_{i=1}^{n} w_i^2 x_i'^2 - \sum_{i=1}^{n} w_i^2 y_i'^2 \right) + \sqrt{\left(\sum_{i=1}^{n} w_i^2 x_i'^2 - \sum_{i=1}^{n} w_i^2 y_i'^2 \right)^2 + 4\left(\sum_{i=1}^{n} w_i^2 x_i'^2 y_i'^2 \right)}}{2\sum_{i=1}^{n} w_i^2 x_i'^2 y_i'^2} \tag{1-7}$$

$$\delta_x = \sqrt{\frac{\sum_{i=1}^{n} (w_i x_i' \cos\theta - w_i y_i' \sin\theta)^2}{\sum_{i=1}^{n} w^2}} \quad \delta_y = \sqrt{\frac{\sum_{i=1}^{n} (w_i x_i' \sin\theta - w_i y_i' \cos\theta)^2}{\sum_{i=1}^{n} w^2}} \tag{1-8}$$

其中，x_i' 和 y_i' 为各点位相对于区域中心的坐标位置，根据 tanθ 得到点位分布的转角，得到 δ_x 和 δ_y 分别沿 x 轴与 y 轴的标准差。

三、研究结构

本书一共分为八章：

第一章是绪论：主要介绍本书的研究背景、研究问题、研究内容、研究目的及意义，并对研究进行相关概念辨析。

第二章是研究综述：以"城市人"理论的相关文献综述以及"城市人"理论的概要作为切入点，对游憩行为、游憩空间、游憩理论进行研究，总结出"城市人"理论对游憩空间资源分布产生的意义，构建本书的理论研究基础。

第三章是游憩行为理论假设：在第二章的基础上对"城市人"理论进行演绎，得到"城市人"理论的游憩行为假设条件，并推演出城市公园游憩行为的理论结构假设。

第四章是空间格局研究与线上调查：对郑州城市公园的类型进行分类，通过遥感与地理信息技术对城市公园与游憩资源进行空间格局分析；根据线上问卷调查研究人们对游憩行为的需求与对空间的需求。

第五章是城市公园游憩行为的实地调研：对第一章的第一个研究问题展开研究，获得具体细化的个体游憩行为与空间结构要素，将活动类型（观测结构）转化为行为类型（要素结构），并为第三章提出的理论假设提供实证依据。

第六章是理论假设的验证：以结构方程模型方法验证第二章提出的第一个理论模型假设，得到的因果模型分析也是对第一章提出的第三个研究问题进行回答；通过构建"人事时空"理论模型完成第三章提出的第二个假设，同时完成对游憩行为理论假设的逻辑检验。

第七章是城市公园规划设计策略：在理论结构假设的基础上探索新的规划模式，从微观、中观、宏观三方面提出针对郑州市当前问题的规划与设计策略方法。

第八章是结论与讨论：主要包括本书的创新点与不足、新模式的价值，以及后续深入研究的可能性评估。

四、技术路线

本书研究的技术路线如图 1-1 所示。

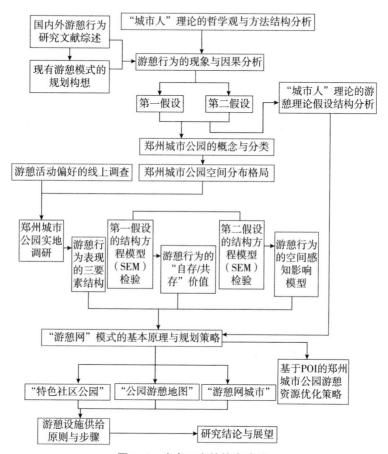

图 1-1 本书研究的技术路线

第二章 | 研究综述

第一节 "城市人"理论

一、理论定义

"城市人"理论（Homo Urbanicus Theory）由梁鹤年先生于 2012 年提出，是目前学界统一认可的城市研究方法论，也是相对较新的方法理论，因此对于城市化发展速度普遍较快的中国城市来说，具有较强的实践应用参考价值。"城市人"理论是以城市人的本体价值衡量为核心进行城市规划、城市设计的方法型理论。根据梁鹤年在《旧概念与新环境：以人为本的城镇化》中的理论观点，城市人的定义是"通过理性选择聚居去追求空间接触的人"[29]。"城市人"理论关注的重点在于对"理性选择聚居"的价值衡量。"城市人"理论认为，人是一种理性动物[30]。"理性"是一种主观控制因素，即"以最小力气追求自存/共存的平衡，实现空间机会最优化"的方法[31]，"聚居"（代表"人事时空"要素结构）作为客观因素，主客观体系共同影响"价值"内容的衡量关系。"城市人"理论认为，城市中的一切问题衡量的原则都必须"以人为本"[32]。这种人本思想主要体现在"自存"与"共存"的平衡关系，这也是"城市人"理论的核心价值观点。

1. 理论方法

"城市人"理论认为，对城市的研究应当从一种规范化的价值体系寻找"人本"的核心解决方案。具体的研究方法主要是将"城市人"在空间接触过程中体现出的价值演绎为"自存"与"共存"两方面。梁鹤年指出，"自存"与"共存"并不是二元对立的博弈论关系，而是协调匹配城市空间发展的方法结构。这也是"城市人"理论衡量规划关系的权重分配依据。"自存"是指"城市人"对自我价值的追求，体现出人们的自我意识在物质与精神追求方面的内在表达；"共存"是将"自存"价值建立在群体性的社会价值取向基础之上，体现的则是人们在实现自我价值时需兼顾他人价值的边界原则[33]。

2. 理论结构

土地空间规划应体现自存值与共存值在城市发展效率与城市公平之间的平衡原则，在城市人的生活、生产、生态中对空间进行分配时充分尊重城市人的物性（满足城市人功能需求）、群性（公民参与的机会与空间中的行动选择）、理性（自我个性与社会共性的平衡）。根据城市决策的首要依据与各方利益关系，城市规划要素分为人（持份者的相关利益）、事（利益矛盾点）、时（决策发生的时机）、空（事件发生的空间）四项基本要素，这可以有效地以公平为原则匹配各方比例的自存值（用来评估要素对社会产生贡献的指标）[34]。同时，"物性""群性""理性"也是"城市人"理论结构中对空间资源进行匹配的主体要素，对于构成"人事时空"的客观空间匹配依据起到支撑作用。

3. 理论意义

"城市人"理论作为多学科交叉的城市科学研究方法论，对于城市规划学、行为心理学、风景园林学、游憩地理学等学科领域均有广泛的学科交叉。同时，"城市人"理论也是一项较为偏重于方法与认知结构导向的理论。对于解决日益复杂性的城市问题来说，"城市人"理论提供了一种"人本"主义的角度，通过对行为主体进行以人为本的研究，挖掘现象背后产生的人性价值，最终形成符合价值的空间资源匹配方案，为城市研究提供了新的方法和范式。

二、"城市人"理论相关文献综述

通过文献的计量可视化整理（1986—2022 年）（见图 2-1、图 2-2），在 2013 年"城市人"理论主题的论文数量开始有了显著增长，在 2019 年达到最高峰（22 篇）后在 2021 年左右下跌至 8 篇，而后在 2021—2022 年又持续开始增长。在这 48 年的分布结构中，"城市人"理论相关的文献主题分布范围较广，可见"城市人"理论的应用范围十分广泛。对过去48年中的"城市人"理论主题进行整理可知，"城市人"理论主要应用于城市规划理论、人本主义、生态城市等相关领域的研究。通过对文献的梳理与内容的归纳，"城市人"理论大致可体现在以下三个主要研究领域："城市人"理论的方法研究、国土空间规划"三区三线"管控、城市社区与生活圈优化策略。

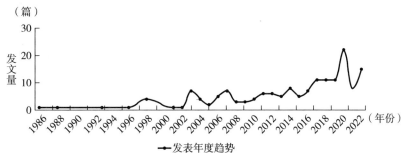

图 2-1　1986—2022 年"城市人"理论主题论文数量分布

注：主题＝"城市人"理论 或者 题名＝"城市人"理论 或者 v_subject＝中英文扩展（"城市人"理论）或者 title＝中英文扩展（"城市人"理论）。

资料来源：笔者根据中国知网 CNKI 数据库关键词检索整理所得结果。

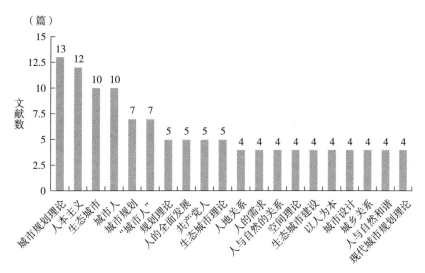

图 2-2　1974—2022 年"城市人"理论论文主题领域分布

资料来源：笔者根据中国知网 CNKI 数据库关键词检索整理所得结果。

从论文主题发文机构与代表人物来看，相关研究成果主要分布于武汉大学、加拿大皇后大学、清华大学等，主要代表人物为魏伟、梁鹤年等（见表2-1）。

表2-1　"城市人"理论论文主题发文机构与代表人物

发表机构	文献（篇）	代表人物
武汉大学	9	魏伟
加拿大皇后大学	3	梁鹤年
清华大学	3	王佳文、袁晓辉
中国人民大学	2	王晨跃、王佳文
中国城市规划设计研究院	1	王佳文
同济大学	1	郭谌达

1. "城市人"理论的方法研究

如图2-3所示，周麟等以"Deacon涌现"概念对"城市人"理论的人居系统的形成与演化进行了论证，认为从复杂性和演化角度出发，城市空间的动态治理模型应该注重"自存—共存"的演化平衡，即"自存—共存"的社会弹性。在动态人居系统结构机理中，"演化的弹性"主要体现于人的主体行为动机。城市"自存—共存"的理念应以社会网络关系为基础，建立以适应性关系为导向的关系型城市[35]。该研究从人在空间中的交互演化复杂性说明实现城市空间自存—共存的价值在于人的"群性"实现，也说明社会"群性"对城市空间具有演化作用。这对于城市公园中游憩行为研究也具有深刻的参考意义。

"城市人"理论认为，"人事时空"是影响人与空间接触产生的"自存"与"共存"的外在环境结构要素，"自存"与"共存"价值的衡量关系会受到"人事时空"的变化影响。魏伟等采用"人事时空"的方法分析三江源地区的人地关系。"人"代表影响地区结构要素中的人口分布、文化特征、生产生活；"事"代表人类活动与人文活动对自然生态产生的矛盾关系；"时"代表人地关系的时代背景；"空"则演绎为乡村、城镇、城

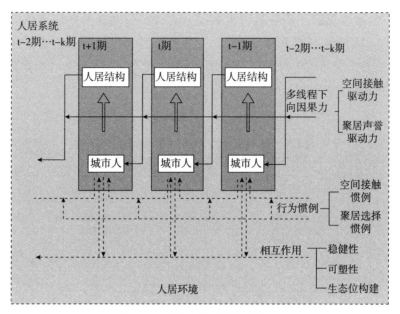

图 2-3　动态人居系统结构机理

资料来源：周麟，田莉，梁鹤年，等．基于复杂适应性系统"涌现"的"城市人"理论拓展[J]．城市与区域规划研究，2018，10（4）：126-137.

市三个人居环境空间[36]。该研究说明针对不同的研究对象与内容，"人事时空"的要素结构可以随着空间接触"自存"与"共存"的价值与衡量关系进行定义，也就是反过来以空间环境事实的客观结构要素对主体结构要素的反向推演。因此，"人事时空"在"城市人"理论中并不是一个局限于其理论本身的概念，而是一种研究的方法结构，该方法结构可以从理论上进行演绎，也可以进行实证研究内容上的推理。

如图 2-4 所示，李经纬等基于"城市人"理论，认为国土空间规划体系构建中的自存与共存可理解为"集约发展、提质增效""均衡发展、包容共生""健康发展、和谐美好"三个维度。实际上可以理解为"集约发展、均衡发展、健康发展"是三个途径，"提质增效、包容共生、和谐美好"是三个途径产生的结果[37]。"集约"在于充分发挥用地效率，提升各方所持利益；"均衡"在于处理"人—人"关系的公平接触空间机会与

"人—地"关系的供需结构匹配;"健康发展"则是对人接触空间生理与心理状态的基本保障。从游憩行为来说,就是充分提升游憩场所体验质量(集约);满足游憩资源的公共性与平等性,同时实现社会普遍交往(均衡);提升游憩品质中对人身心健康的功效(健康)。这对于游憩资源配置的策略研究具有方向性的指导。

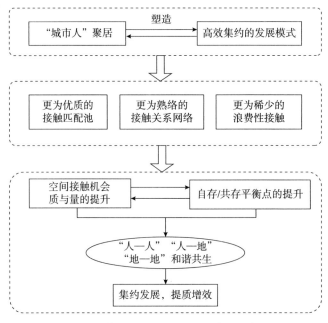

图 2-4 基于"城市人"理论的集约发展

资料来源:李经纬,田莉,周麟,等. 国土空间规划体系构建的内涵与维度:基于"城市人"视角的解读 [J]. 上海城市规划,2019(4):57-62.

郭谌达和周俭运用"城市人"理论"人事时空"方法对古村落的空间特征进行了研究。他们认为,针对不同空间特征与空间问题,文化基因与"人事时空"在空间匹配中会显现出"自存/共存"平衡性内涵。其中,主要包括空间组织特征、空间分配特征、空间功能特征三个方面,构成了符合"城市人"理论的"典型人居"[38]。该研究为异于城市结构的人居环境提供了文化基因对空间特征形态的理论构建思路,也为不同人居环境的空间特征分析要素奠定了量化研究的基础。

李佳佳等在郭谌达"空间特征分析"的基础上，通过"城市人"理论的"物性""群性""理性"对民族村寨提出发展与保护路径，认为"理性"是优化聚居条件，"群性"是确保多方利益的社会公平，"物性"是通过功能使人与文化和谐共存。实际上就是以"人事时空"方法解析特定的空间环境，作为民族村寨与村民"自存/共存"的利益关系的衡量指标[39]。李佳佳等的研究为民族村落形式的聚居环境构建了符合"城市人"理论的方法逻辑，将文化基因具体到以"物性"为主的传统功能表达，这也说明"物性"与文化基因存在"功能"的内在联系。

2. 国土空间规划"三区三线"管控

"三区三线"管控是指生态、农业、城镇空间构成的"三区"，以及与之对应的生态保护红线、农田保护红线、城镇开发边界构成的"三线"。针对"三区三线"管控产生各方利益冲突矛盾的困境，魏伟和刘畅以"城市人"理论的"自存"与"共存"为价值衡量基础，针对生态保护红线、农田保护红线、城镇开发边界各自不同的机制要素提出了管制方法策略[40]。该研究主要通过土地价值的经济要素为"三区三线"管控提供了策略构建，说明经济性对于"三区三线"管控来说是一个衡量"自存"与"共存"价值的重要指标，该研究对于"城市人"理论的应用方面具有针对现状问题建立"自存"与"共存"价值衡量体系的实证意义。

如图 2-5 所示，王晨跃等通过"城市人"理论的"物性""群性""理性"对城镇开发边界的划定与管理进行了研究，认为土地开发的阶段不同，"物性""群性""理性"相互影响的主次有别。在理性主导的存量阶段，必须设计刚性边界与弹性布局，以此应对物性与群性主导的增/减量阶段[41]。在这个过程中，王晨跃等认为物性的具体衡量是以空间接触满意度为标准，以城镇开发边界划定和管理推演出"物性""群性""理性"在这其中表现出的影响关系逻辑。同时，"物性""群性""理性"在空间布局中的三大关系也对游憩行为的空间接触评价标准产生了一定的借鉴参考作用，说明"物性""群性""理性"不仅是行为主体表现出的行为事件过程要素，也是影响规划管理布局的结构性关系。

王佳文等也在"城市人"理论的研究中对空间管控提出了"弹性"

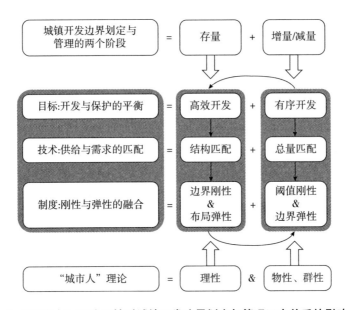

图2-5 "城市人"理论三性对城镇开发边界划定与管理三大关系的影响逻辑

资料来源：王晨跃，叶裕民，范梦雪. 论城镇开发边界划定与管理的三大关系——基于"城市人"理论的理念辨析 [J]. 城市规划学刊，2021（1）：28-35.

的思路，认为以人为本的方法就是一种对空间采取融合形态的管控方式。王佳文等对以人为本的价值取向在管理方式上做出如下演绎：一是空间服务的供给应转向为空间资源配置中的人的需求；二是从明确的用地要素转向为适当弹性的规划分区；三是开发强度管控转向为融合空间形态管控[42]。该研究说明在日益复杂的城市环境下，人所造成的主体性因素会对城市带来更多"弹性管控"的可能，这也肯定了"城市人"理论用"人性"的理性价值衡量行为事件的结果，即强调了人的"动态"。对游憩行为研究来说，游憩本身也是人充分自由状态下的动态表现，因此"弹性"的管控方式能够对游憩资源空间配置与策略起到指导性思路影响。

3. 城市社区与生活圈优化策略

"城市人"理论的中观应用层面主要集中于城市社区空间配置优化策略研究。这其中，武汉大学魏伟团队的成果可谓汗牛充栋，基于供需匹配提出了"15 分钟生活圈"规划方法[43]，为城市社区与生活圈配置优化策略提供了大量实证参考依据，推进了"城市人"理论的具体实践应用。魏伟的研究主要基于"自存"与"共存"的平衡原则，通过以空间可达性分析、满意度调查为主要研究方法，以需求方共识、人居要素结构为分析方法对社区空间的服务配置单元进行分析研究。在社区公园满意度的研究中，500 米的社区公园服务范围（10 分钟）与平均密度不小于每平方千米 5 千米的支路网密度是一个大部分人都能够接受的范围[44]。在社区体育设施的配置优化研究中，10 分钟设施覆盖范围（700 米）能够达到"自存/共存"（空间距离上的个人追求与共同诉求）的最佳平衡点[45]，该研究结果与社区卫生服务设施空间共识距离一致，同样为 700 米范围和 10 分钟距离为最优配置[46]。在社区物流点供需匹配研究中，"自存/共存"的最佳平衡范围为 200~300 米，最优距离控制在 5 分钟以内[47]。在社区服务中心优化配置研究中，"自存/共存"的最佳平衡范围为 800~900 米，最优距离控制在 10~12 分钟[48]。在幼儿园布局优化策略中，"自存/共存"的最佳平衡范围为 300~500 米，最优距离控制在 8~10 分钟以内[49]。在小学布局优化策略中，"自存/共存"的最佳服务匹配范围为 800 米，通行时间 13 分钟，能够基本满足所有居民需求的匹配[50]。

魏伟等的研究主要通过生活圈的服务覆盖范围来表现空间服务功能"自存"与"共存"的平衡价值[51]，对"花最小力气实现空间接触的最优化"的"理性"直接体现于空间距离、服务半径、路网结构三个重要指标，构建了以生活服务功能为主的生活圈规划范式系统[43]。魏伟认为，在空间规划中，应减少社区的封闭结构，适当增加路网密度，使社区路网结构的通行效率提高。

社区空间的封闭结构不仅对社区公园的服务性造成了影响，也对整体生活圈的服务功能产生了一定的负面影响。魏伟等对社区规划的"友好型"进行了研究，认为社区公共服务设施配套对居民的"自存/共存"平衡价值主要通过开放性的社区、差异化供给、多层次交通、"集中+分散"结构布局四个方面来实现[52]。对于游憩行为来说，公共空间服务资源的供给也需要通过人性的尺度，该研究提供的四个方面实际上就是应对空间服务匹配的四种基本方法。其中，差异化供给与"集中+分散"结构布局为游憩空间供给策略提供了研究思路，以"自存/共存"的平衡价值为导向对游憩行为动机提供了可供参考的依据。

夏菁对残疾人聚居空间满意度的研究结果显示，残疾人对"家及周边"环境的依赖性越强，满意度越低，在该状态下的自存与共存平衡水平就越低。夏菁认为，应加强"家及周边"空间范围内的服务功能优化，提升残疾人对该空间感知的评价[53]。残疾人对"家及周边"满意度评价较低，也有可能说明残疾人的需求是对离家较远距离的游憩活动的体验渴望，而他们因为自身原因或空间服务原因无法实现这种需求，因此"家及周边"的满意度才会比较低。从该角度分析，提升"家及周边"对残疾人的空间服务能力对残疾人聚居空间满意度具有正向的作用。

李翅等根据"城市人"理论对生活圈构成要素进行分析，并从开放空间尺度、公共服务功能、可达性三个方面提出社区生活圈的更新策略[54]。其中，在开放空间尺度中，应利用绿道串联景观节点；在公共服务功能中确保集约利用为导向；在可达性方面，适当提升支路路网密度，设置5分钟、10分钟、15分钟范围的口袋公园、街边绿地与公园要素形成联动。这说明生活圈优化所要解决的问题实际上是因空间接触的"机会"造成的资源匹配关系，这种关系主要体现在地理空间关系与人居要素两大方面的整合，这也是"城市人"理论"自存/共存"平衡价值的体现。

交通对于生活圈来说是关乎聚居生活效率的重要因素，孙冰雪对生活圈公交站点进行了可达性与满意度的研究。她认为"单身贵族"与"二人世界"更需要文体设施，核心家庭与主干家庭则需要教育设施，随着居民年龄增加，开始逐渐转向医疗设施；在空间距离范围满意度上，年龄上的表现随着空间范围增大而变小[55]。这说明个体的行动能力在随着年龄而衰减，对公共出行的能力也包括个体在游憩行为上的活动范围，因此该研究结果对于游憩资源的空间分布策略具有参考作用。

将"城市人"理论涉及的文献内容加以整理，结果如表2-2所示。

表 2-2 "城市人"理论相关文献内容整理

研究主题	研究重点	内容提炼	作者	年份
"城市人"理论的方法研究	空间规划中的"演化弹性"主要表现于人的主体行为动机。应以社会网络关系为基础，建立以适应性关系为导向的关系型城市	人对空间接触的"群性"对城市空间具有演化作用	周麟等	2018
	以"城市人"理论的"人事时空"构成理论结构分析三江源地区的人地关系	"人事时空"在城市是一种研究的方法结构，可以从理论进行演绎，也可以进行实证研究内容上的推理	魏伟等	2020
	空间规划体系中的自存与共存可理解为"集约发展、提质增效""均衡发展、包容共生""健康发展、和谐美好"三个维度	集约、均衡、健康三个方面实际上也是游憩资源需要在规划体系中体现的原则	李经纬等	2019
	文化基因在"人事时空"结构中的"自存/共存"平衡性内涵主要包括空间组织特征、空间分配特征、空间功能特征三个方面	为异于城市结构的人居环境提供了文化基因对空间特征形态的理论构建思路，也为不同人居环境的空间特征分析要素奠定了量化研究的基础	郭谌达和周俭	2020
	通过"城市人"理论的"物性""群性""理性"对民族村寨提出发展与保护路径，认为"理性"是优化聚居条件，"群性"是确保多方利益的社会公平，"物性"是通过功能使人与文化和谐共存	为民族村落形式的聚居环境构建了符合"城市人"理论的方法逻辑；说明了"物性"与文化基因存在"功能"的内在联系	李佳佳等	2022
国土空间规划"三区三线"管控	以城镇开发边界划定和管理推演出"物性""群性""理性"在"三区三线"管控中表现出的影响关系逻辑	"物性""群性""理性"不仅是接触过程的主体要素，同时也可作为影响规划布局的结构性关系	王晨跃等	2021
	以"城市人"理论演绎空间管控中的"弹性"思路	"弹性"思路对于游憩资源空间布局策略是一种借鉴与参考	王佳文等	2020
	以"自存"和"共存"的平衡原则制定"三区三线"管控策略	基于策略层的"自存"与"共存"平衡关系的启示	魏伟等	2020

续表

研究主题	研究重点	内容提炼	作者	年份
城市社区与生活圈优化策略	社区公园空间配置优化策略	在社区空间规划中，应注重集约利用、增加开放性、多点布局、提升支路网密度	魏伟等	2018
	社区体育设施空间配置优化策略			2020
	社区卫生设施空间配置优化策略			2020
	社区物流点空间配置优化策略			2020
	幼儿园空间配置优化策略			2020
	小学空间配置优化策略			2020
	社区公共服务设施优化策略			2018
	社区服务中心空间优化策略			2021
	基于"城市人"理论的"15分钟生活圈"规划方法	为游憩资源空间分布提供了生活圈的方法依据		2019
	根据社区规划友好型在空间服务功能中的匹配优化策略	社区开放性与"集中+分散"的布局思路		2018
	以"自存/共存"的平衡对残疾人进行环境满意度的研究	"家及周边"获得的满意度与游憩行为的主体因素相关	夏菁	2019
	不同类型居民在生活圈公交站点中的不同"自存/共存"价值的范围表现	个体的行动能力在随着年龄而衰减，对公共出行的能力也包括个体在游憩行为上的活动范围	孙冰雪	2020
	根据"城市人"理论，对社区生活圈从开放空间尺度、公共服务功能、可达性三个方面提出更新策略	生活圈的优化策略依据主要是以地理空间关系与人居结构要素两方面为依据	李翅等	2021

资料来源：笔者根据文献资料归纳、总结、自绘。

综上所述，可以看出：①"城市人"理论的方法研究文献，主要是分析不同空间"人事时空"结构要素中的"自存/共存"价值，构建逻辑关系，以此根据"城市人"理论探索适用于不同内容的研究方法；②在国土空间规划"三区三线"管控方面，"城市人"理论主要是针对空间规划提出符合"自存/共存"逻辑关系的管控策略；③在城市社区空间的优化配置策略方面，"城市人"理论主要提供了"以最小力气追求空间自存与共存价值"的研究方法，根据空间通行效率（主要是可达性、满意度的量化分析）提出配置优化策略。三个方面的文献研究为城市公园中的游憩行为研究提供了理论依据，并为游憩资源空间匹配策略提供了参考。但是对于研究方法与结构来说，是否能够以文献中提及的研究方法范式来对应城市公园中的游憩行为内容进行研究，"可达性+满意度"的方法是否同样适用，还需要从游憩行为的时空特性、行为性质、表现特征等多个方面进行分析。

三、"城市人"理论的哲学观

1. "城市人"理论的一元性

"城市人"理论认为，在"人对空间进行有选择的理性接触"的人性视角下，在所有世俗规则（Social Law）与自然律法（Natural Law）之上，存在一种最"普遍"（Universal）的"理性"（Rationality）价值。这种"理性"价值的普遍性体现于所有复杂城市问题的"现象"显现，是"理念"在"现象世界"的分有，也是内在（Immanent）的价值[56]。这种"理性"的价值，就是"城市人"理论在哲学本体论中体现出的一元性。

梁鹤年先生以本体论对自然法则下的"人性"普世价值进行了哲学演绎：以柏拉图"恒"（Changeless）的思想与亚里士多德的"变"（Change）的思想构成一种对世间万物价值衡量的理念（Idea）体系[57]，实际上是对于"人"而言的天理、天道、天义的追求。这些理性的认知便会形成一种存于自然律法之上的普世性规则律法，也是一切将"道"与"义"规范化、秩序化（Ordering）的具象化显现（Visualization）。在这种秩序化的"理性"中，"城市人"理论肯定了阿奎那在"永恒之法"（Eternal Law）、"自然之法"（Natural Law）、"人为之法"（Positive Law）、"神圣之法"（Divine Law）中体现出的"法"（Law）的普世价值[58]。"城市人"理论将城市作为一个聚居空间（Space），聚居空间是人们求好避恶的精神向往，人们聚居的下限是躲避灾难，上限是为了与他人共处。在这个前提下，人与人在城市中和谐相处则是体现出各方要素遵从一定秩序的普世性价值，达成"共生"理念。因此，"城市人"理论关注的是与"人性"相互构成作用的主客体之间的平衡性关系，而不是人性本身可以实现的一元性突破。

一方面，在"城市人"理论的方法论层面，则体现出两种哲学一元性：从"形"（本质的）来说，"人性"是绝对的价值尺度；从"物"（现象的）来说，时间是相对的标准尺度。人在城市空间"有理性的进行接触选择"，就是行为主体的主观价值体现。另一方面，城市的存在也是由人"有理性的聚居进行空间接触"而产生的空间形象，因此人的行为价值决定了空间的基本价值。人对空间进行接触所用的时间就是这种"效率"（Efficiency）与"公平"（Fairness）的客观体现。从主体行为在空间中的客观表现来说，时间也是事件过程的标准化尺度，具有量化表达的参照依据。但是从方法论的研究意义来说，也不能忽略行为主体对客观事物的体验、满意度、幸福度、感知度等无法量化却非常重要的潜变量。

因此，"城市人"理论的哲学一元性可被理解为三个层次：一是以人为本的价值衡量唯一性；二是普世价值存在于同一秩序化的理性选择基础之上；三是人们对"真理""真善""道义"的追求在人性上具有统一的自然性。

简而言之，"城市人"理论的哲学一元性主要体现在对"价值"的理性衡量与探索上，"价值"是代表人们行为准则的大前提，是一种平衡性的关系，同时也具有一定普世性原则与公理道义的显现。

2. "城市人"理论的二元性

自我保存和与人共存是体现于阿奎那普世价值一元结构中的二元性，其二元性是一种"适度"原则下对客观公平与主观效率的统一，而不是二元关系的对立。"城市人"理论认为，人与空间接触产生的价值体现于亚里士多德的"人类结社是为了追求更美好的生活"与霍布斯提出的"保证自身不被侵犯"两方面的统一。将"与人共存"看作价值追求的上限，那么"自我保存"就是这种价值上限的必要条件；将"自我保存"看作价值追求的上限，"与人共存"也会成为"自我保存"的必要条件，与人共存和自我保存在价值的不同理念导向会呈现互为因果的辩证关系。

在该价值中，与人共存是自我保存的保证，自我保存是与人共存的标准。与人共存和自我保存的理性价值实际上是一种"他人"与"自我"的二元辩证关系："他人"保证不侵犯"自我"，"自我"的价值以"他人"作为参照，"己所不欲勿施于人"与"爱人如爱己"的二元因果逻辑，这是"他人"与"自我"互为"公平"与"效率"的因果转换，也就是对于主客体相互之间"共存"与"自存"二元结构关系的转换。

综上，总结"城市人"理论的二元性，有以下三点：一是"自存"与"共存"是统一于人性的理性价值的两面性；二是在事件过程中，"自存"与"共存"具有互为因果的辩证性；三是在结构关系上，"自存"与"共存"的性质会因主客体行为表达发生相互转化。

四、"城市人"理论的方法结构

1. 空间接触的三原则

"城市人"理论的方法结构也可被理解为"自存"与"共存"的方法结构，在城市人实现自身价值的"人与空间接触"行为过程中，体现出行为主体的群性（以聚居来提升空间接触机会的质量）、物性（追求安全、便捷、美观、实用）、理性（对自存与共存关系的平衡）三个原则。

对于行为主体来说，"理性"是一种最直接的价值判断标准。当行为个体选择对空间进行接触之前，就会以"理性"的方式判断"成本关系"与"结果评价"。正是因为行为个体拥有"理性"，秩序化的"自存"与"共存"的平衡关系才能显现于不同"人事时空"的实际接触环境中。因此，只有"理性"的"自存"与"共存"价值为衡量基础，空间资源的匹配才会变得有意义。

"群性"也是"理性"所展现的一个部分，是"理性"的递进关系。人类是一种社会动物，天然具有社会要素，因此人类对于幸福生活的美好向往使得人类选择以结社、聚居的形式对空间进行接触。

从人的本性来说，"物性"代表人性对"物"的维度进行官能认知与经验上的判断。根据人体工程学，人在空间中所受到的官能经验影响来自自身对空间环境要素的物理特性的感知，这也是"物"在空间功能上满足人们对"理性接触空间"的需求与"理性"产生的官能依据。城市的现代性正在以"物"对人性进行异化，主要体现在城市因生产需要而进行"功能分区"，以"功能"与"性能"区分使人性"物化"。因此，"城市人"理论坚持以人为本也是防止"以物为本"的城市规划现象，"城市人"理论提倡"物性"必须以人的本性作为价值引导，而不是以"物"去对人进行导向。

总的来说，"群性""理性""物性"三原则实际上就是"城市人"理论对"城市人""通过理性选择聚居去追求空间接触"定义中的"理性""聚居""空间"三个要素在理论逻辑结构中的体现，也是构成行为事件的基本结构。

2."城市人"理论的四维度结构

"城市人"理论的四维度结构主要针对城市空间中的"城市人"行为要素进行分析，其行为要素在城市空间接触上划分为"人事时空"四个维度。"城市人"理论认为，"人事时空"四个维度构成了不同类型空间接触行为的要素结构，从而影响不同类型接触行为的"自存"与"共存"价值具体内容发生相应的改变[59]。因此，"人事时空"四维度结构是"城市人"理论实证研究的基本方法，研究针对某个空间接触行为构成的"人事时空"基本要素结构，对于探知该行为普世价值的具体内容将起到重要作用。

五、"城市人"理论的价值观

根据以上对"城市人"理论的相关知识梳理，对该理论的价值观进行如下总结：

（1）"以人为本"是以人的"共生"价值为本，而不是以人的权力自由为本。普世价值体现的是一种人的本性与共性，也就是在一定规范化的前提下，强调人追求的理性价值。

（2）"与人共存"和"自我保存"必须建立在普世价值的"平衡"关系基础上，而不是"平等"或"平均"。在接触的过程中，"平衡"与"平等"具有不同的实际意义。普世价值只有体现关系的平衡性，对于资源的空间匹配关系才是有意义的，否则，绝对"平等"的普世价值对人来说等同于没有价值。

（3）接触机会增多是一把"双刃剑"，接触机会的多与寡并不意味着生活品质的高与低。产生的问题体现于以下几个方面：区域的成本投入、社会管理、运行维护等资源成本压力会随着机会的增加而越来越大；接触机会增多可能引发空间权力斗争与矛盾激化；区域中的客观环境素质会随着接触机会增多而下降。

（4）"与人共存"和"自我保存"的内容与价值标准会随着"人事时空"结构要素的改变而改变。城市任何一个空间（包括相同地理位置的空间）都会受到特定"人事时空"结构要素的影响，因此对于不同的行为个体来说，"与人共存"和"自我保存"的价值判断都存在不尽相同的差异。"城市人"研究的主要工作就是分析这些差异的内容，研究出与之相匹配的空间规划方法。

（5）规划不应勉强客观事实去迁就主观需求，也不应勉强主观需求去迁就客观事实。否则就会出现过于主观的"不效率"与过于客观的"不公平"。城市规划工作应该根据人居的"理性"需求对空间进行资源匹配，在这其中，理性代表着"人事时空"结构要素的合理性。

第二节 游憩行为研究

一、国内研究

作为城市地理学的研究内容，游憩行为（Recreational Behavior）在我国城市研究领域中一直扮演着重要角色。游憩行为本质上是针对游憩为目的而进行的行动，其定义包含两层含义：一是游憩（Recreation），是城市的基本功能之一，在城市发展需求语境中的定义是"一种闲暇资源的科学开发与利用"[60]；二是行为（Behavior），在时间地理学研究方法中的定义为"一种城市地理结构时间与空间动态的定量分析依据"[61]。"游憩"与"行为"满足一定场所中的客观行动满足条件，即构成游憩行为研究的结构。

对于游憩行为研究来说，国内学界至今尚没有关于游憩行为本体论层面的分析与研究，而是基于城市功能的应用方法搭建研究框架，将游憩行为的研究引入不同的现象描述，使之符合解释城市现象行为的逻辑结构。国内目前对游憩行为的研究既缺少哲学本体论的研究架构，作为交叉型学科，游憩行为研究也缺乏具体学科的系统性理论体系作为支撑。基于此，归纳整理游憩行为相关文献 86 篇，为我国游憩行为理论与实证研究提供借鉴参考和依据。

1. 文献研究的样本统计与研究趋势分析

根据文献的计量可视化整理（见图 2-6），进入 21 世纪后，关于"游憩行为"方面的发文量开始显著增多，这也说明学术界对该领域的关注度有了明显的增加。

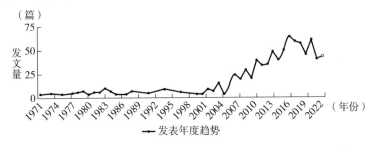

图 2-6　1971—2022 年国内"游憩行为"主题论文发文量分布

注：主题＝游憩行为 或者 题名＝游憩行为或者 v_subject＝中英文扩展（游憩行为）或者 title＝中英文扩展（游憩行为）。

在国内"游憩行为"相关主题论文的分布中，"游憩行为""游憩者""游憩空间""城市公园""游憩活动"是数量最多的五个主题，说明这五个主题存在某种构性的联系。

如图 2-7 所示，从"游憩行为"主题相关的五个主题"游憩行为""游憩空间""城市公园""游憩活动""游憩者"论文发表趋势来分析，"游憩行为""城市公园"两个主题呈上升趋势。说明在目前的游憩行为研究中，"游憩行为"和"城市公园"是两个研究热点。这也符合当前城市发展需求与学界普遍关注"游憩行为"与"城市公园"两者相关联的基本判断。

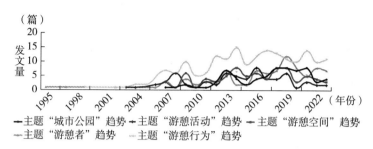

图 2-7 1995—2022 年"游憩行为"主题相关的五个主题论文发文趋势

注：主题=游憩行为 或者 题名=游憩行为 或者 v_subject=中英文扩展（游憩行为）或者 title=中英文扩展（游憩行为）。

2. 文献研究的主要观点

实际上，国内很早就有"游憩"的概念，但大多集中于国家公园、旅游风景区[62]、自然资源开发[63]等旅游学研究领域，很少被引入城市日常生活游憩的研究语境。国内最早出现关于城市游憩研究的文献是何绿萍于1986 年在《中国园林》发表的《城市游憩绿地的几个问题》。何绿萍认为游憩功能是城市绿地的一个基本功能，应根据游憩行为的功能对游憩绿地进行分类[64]。吴必虎等认为游憩行为是一种城市中普遍存在的空间人口流动特征，实际上就是人口地理学的范畴[65,66]。吴必虎在环城游憩带（Recreational Belt Around Metropolis，ReBAM）研究中指出，游憩行为在城市中体现为一种时间与空间共同作用的动态特征，其动态特征的建模应以城市空间的可达性为主要依据，游憩行为是城市空间的土地利用、游憩者旅游成本与游憩主客体双向统一的表现[67-69]。吴必虎等、刘鲁等、党宁等的研究成果对城市居民行为特征、偏好性，以及游憩行为在城市时空演变动力机制方面具有理论研究的指导性作用[70-72]。党宁等认为通过行为主体的态度与行为意向可以直接预测实际游憩行为[73]。张立明等倾向于将游憩行为纳入一个城市用地功能的经济地理学的结构[74,75]，主要是通过居民对城市自然资源的需求产生的游憩行为特征[76]、自然资源容量、资源价值评估等方面，对游憩行为在城市地理结构上进行深入探讨[77]。彭顺生等采用更宏观的研究视角，将居民游憩行为的结构解释为一种意识形态、经济水平、价值观念、生活方式等各要素结构中的差异性[78-80]。在生态资源保护[81]、乡村文化振兴[82]、休闲农业景观[83]、乡村旅游[84]等城乡一体化与城市双修战略的实证研究中，游憩行为也常被作为一种居民在城市时间与空间中动态机制的时间地理学现象，在空间中的分布预测主要以满意度和空间可达性作为主体的行为特征预测依据。

也有研究认为游憩行为是一种通过地理的、心理的、社会的、人性的要素综合现象，即认为游憩行为是建立在复杂城市系统关系上的行为表现，这种表现通常作用于"人与某些地方存在一种特殊的依赖关系"[85]。黄向提出的场所依赖理论（Place Attachment，PA）是一种对游憩行为产生的人地关系研究框架结构，为以"价值"为纽带的场所功能实现奠定了理论研究基础。邹伏霞等[86]、白凯[87]、张春晖和百凯[88]、戴光全和梁春鼎[89]、苏亚云等[90]认为在旅游地开发研究中，可以根据场所依赖理论构建一种提升游憩行为对旅游地品牌忠诚度的影响模型。人与场所产生由"游憩行为"实现的地方性依赖关系，这取决于游憩体验的满意度与价值感知。因此，人与地方关系的研究从要素结构上可分解为行为价值感知与体验感知两部分。周慧玲等认为价值感知会形成一个"情感"的反馈，该反馈作用于游憩者的"内省"，通过一定的意象传导使游憩者产生对场所的情感联系[91,92]，将这种"独特的感受"解释为"认知差距"与"情感体验"构成的"场所依恋"[93]。刘群阅等认为游憩行为在场所中的主体性感受是一种构建感知与知觉性恢复关系模型的依据，提出了"自然度—场所认同—环境恢复"的影响路径[94-96]。尤达等通过对游憩行为进行"自评恢复量表"的空间量化研究，提出了绿地空间的恢复性知觉功能研究范式[97,98]。陈浩等[99,100]、周卫等[101,102]、吴安格和林广思[103]、陈海波等[104,105]、朱正英等[106,107]也认为场所依恋在"人地关系"结构中对于游憩行为的偏好性、满意度、重游度、感知度等测量指标产生不同程度的相关影响。也有学者认为，以"情感"和"感知"为主体性的价值研究缺乏对空间客观场所要素的考虑，过于集中在社会心理学与人文地理学的研究范式，难以形成针对空间的改进与优化建议[108]。

"游憩动机"（Recreational Motivation）是在城市游憩行为研究中最常见的高频词汇之一，也是主要的游憩行为实证研究方法。从因果机制来说，游憩动机对游憩行为具有行为逻辑指导意义。国内最早以"游憩动

机"作为实证研究的是罗艳菊等，在其实证研究中，游憩动机构成了一种
自然感知与游客差异化的影响关系模型，对游客的游憩行为构成行动选择
的主体性依据[109]。宋秋对城市居民游憩动机进行了因子建模分析研究，
认为影响城市居民游憩动机的因素是多重性的，其中最主要的影响因素是
"情感交流"，这集中体现为游憩行为的社会交往[110]。曾瑶认为游憩动机
主要受到可达性与偏好性影响[111]。杨建明和余雅玲认为，"回归与学习自
然"因子在模型中对森林游憩者的游憩动机影响系数最高[112,113]。赵静等
认为，情感交流是公园居民游憩动机的最主要行为特征表现[114]。在居民
幸福感方面，陈渊博将游憩行为作为一种事件过程的客观载体，对幸福感
的主观感受产生影响，研究游憩幸福感在游憩行为的游憩前、游憩中、游
憩后三个阶段特征，通过游憩幸福感建立游憩动机变化的相关结构模型，
认为游憩行为是一种幸福感体验与获得的载体[115]。曾真等则更关注空间
环境对人们产生的身体与精神的恢复[116]，在城市绿道研究的建模分析中，
他们认为游憩动机对游憩满意度产生显著的正向影响，城市绿道优化应以
游憩动机的行为导向为策略依据[117]，并认为社会责任对环境责任存在显
著正向影响[118]。

　　有研究认为，游憩满意度（Recreation Satisfaction）是游憩行为过程中
对于行为体验的评价，与游憩动机共同构成游憩行为的因果机制[119]，游
憩行为、游憩体验、游憩环境、游憩满意度在空间行为参与主体上具有构
成逻辑系统的客观性依据[120]。游憩满意度是一种结构方程模型普遍采用
的测量指标，在实证研究中具有重要的学术意义。其最早出现于 Dorfman
在 1979 年的研究中[121]，国内最早由袁建琼于 2003 年提出[122]。在满意度
方面的研究中，李江敏的学术影响力较为突出，李江敏及其合著者在城市
研究中主张对居民的游憩行为特征建立游憩满意度的建模分析研究框架，
认为游憩行为会对个体产生一种对空间的感知差异[123-125]。李江敏等的研
究对城市游憩行为与满意度研究建立了一种理论建模的依据，实现了结构
方法上的关联，即"游憩动机—游憩行为—游憩满意度"过程在理论结构
上的依据[126,127]。目前在国内的城市研究中，游憩满意度通常作为一种实
证研究的建模方法。在城市游憩行为研究中，游憩满意度的主体对象主要
包括城市居民、老年人、游憩者、游客等不同身份的人群；客体包括城市

公园、森林公园、城市公共空间、社区空间、城市绿色基础设施等空间类型。通过文献内容的归纳发现，对游憩满意度在空间结构要素上影响最大的因素主要为"可达性"[128-130]"空间设施"[131-134]"管理"[135,136]三个方面；对游憩满意度在社会结构要素上影响最大的因素主要为"社交文化"[137-139]"游憩项目"[140,141]"环境感知"[142-144]三个方面。在对于不同场所空间的研究中，游憩满意度在各测量指标中也体现出不同的影响效果。比如张佳裔认为，城市公园的空间规模、水体与空气质量、环境氛围与游憩行为满意度的显著性并不高[131]。毕波等却认为，在中小学放学空间行为中，其游憩行为的特征性与空间规模构成一定相关性[145]。李燕等通过对城市森林公园的建模认为，游憩氛围与卫生设施的影响因素最大[132]。这说明游憩氛围、空间规模等测量指标在不同研究对象的研究分析中，会产生不同程度的影响相关性。游憩满意度作为研究方法的测量指标，具有实证研究的客观性，因此游憩满意度在不同研究内容的需要中，也经常与游憩动机、游憩体验、游憩幸福度等测量指标共同参与构建结构方程模型。对现象的实证研究来说，这些研究点具有构建理论模型探索优化策略的实际意义，为理论研究提供了丰富的实证分析依据。

3. 评述与启示

在国内的城市游憩研究中，游憩行为是一个根本问题。人类真正意义上实现城市高质量的生活体验需求与城市游憩行为在城市生活中的表现关系密不可分。严格来说，游憩行为在国内学术界的发展已经有20多年历史，逐渐成为国内城市研究领域中一个明显的子领域，代表着城市游憩研究领域中最为庞大、内部关联与内聚度最高的研究主体。在理论发展与实证研究中，国内研究都取得了丰硕的成果，其特点主要表现为以下四个方面：

（1）20世纪90年代至今，国内对城市游憩行为的实证研究集合了时间地理学、人口地理学、人文地理学、城市规划学、旅游地理学等多学科综合交叉的特性。从"自然"的旅游功能、地理功能、生态功能到"人文"的社会功能、文化功能、情感功能的过程，实际上也是对"游憩行为"的理解从"行为现象"到"空间具象"再到"结构抽象"的过程。这说明国内游憩行为研究已经从研究表象开始进入对本体机制的研究阶段。

（2）游憩行为因素研究是游憩行为研究的重要领域。从文献综述来看，学者不仅关注于单一性的游憩行为影响因素，还将游憩行为当作城市研究的整体性结构，对各结构要素间的关系与机制进行分析与研究。这对实证研究贡献了大量实际优化策略的参考依据。

（3）研究主题与研究主体的广泛性。20世纪90年代至今，随着城市化进程的不断深入，城市游憩行为研究也是一个不断扩大研究目标与范围的过程。由于实证研究的建模依据会根据研究对象与时空背景关系而发生变化，大量的实证研究因此分布于各种类型空间领域，对"游憩行为"的功能理解也呈现多层次化趋势。但是从目前研究成果来看，"游憩行为"主要的研究对象还是集中于城市空间分布问题。

（4）重视定量与定性相结合的实证研究方法。随着城市建设与发展日新月异，学者也意识到单一量化研究的局限性，在城市地理学的时间与空间发展的机制与机理双向影响下，学者开始重视城市游憩行为结构方法在建模研究中发挥的作用，在定量与定性研究的同时，也反过来以实证研究作为游憩行为本体理论构建的参考依据。

4. 对国内游憩行为理论研究的启示

值得关注的是，自2009年场所依恋理论在国内提出后，至今尚无其他文献提出新的游憩行为理论方法与研究，游憩行为现有理论方法的更新也鲜有提及。反观国内这些年的城市发展，尤其是城市居民对城市生活水平需求与功能认知结构的差异，都已经出现了翻天覆地的变化。21世纪初至今，在国内还没有出现游憩行为理论的本体论研究，也就是说，从哲学层面分析的游憩行为现象对于现象学、类型学、地理学来说，游憩行为本体理论机制仍属于一种断层状态。这对于游憩相关的地理学研究来说，就很容易陷入一种研究滞后于实际发展的被动。因此，尽快出现一种与当前城市发展相对应的"游憩行为"理论方法或者本体论研究框架，对当前城市研究领域来说是一件迫在眉睫的事。

未来的城市发展面临的是一种前所未有的多学科交叉的复杂体系，在游憩行为研究领域中，国内研究学者应该综合多学科理论方法开展大量的理论性研究。同时，学者也需要深刻理解当前国家对城市发展的需求、城市对国家社会阶段历史任务的转型、中国特色的社会主义发展阶段、中国社会矛盾的转变等国家战略决策，同时结合东方游憩行为的哲学思想以及历史文化传承的研究视角，以此分析中国城市中不同场所空间游憩行为体现的不同文化需求以及形成机制。在研究价值方面，不仅要充分注重居民对游憩行为在满意度、幸福度、感知、动机等方面的结构性指标测量，同时也要构建更为平衡和谐的空间功能价值衡量标准体系，以期形成符合城市发展需求的经济、生态、文化三方面可持续发展的城市游憩功能机制，这将对我国新时期城市研究与发展以及学科构建具有积极的意义。此外，由"游憩行为"引出的城市地区空间游憩资源分布平衡性与地区结构的供需关系等问题，也同样值得深入关注与讨论。

二、国外研究

在国外很早就出现过关于游憩行为的记载，但作为学术研究的专有名词来说，"游憩行为"最早出现于 20 世纪 70 年代。早期学者通过社会行为学方法，对游憩行为研究进行过一些假设（游憩行为是一种受到社会环境影响的个体行为、社会结构关系的载体等），并通过实证研究探索人们在游憩行为中的行为感知、行为动机等因素。早期的游憩行为研究的主要内容是行为产生的社会意义、象征意义、符号意义，具有明显的抽象性"人本主义"方法特征。随着 20 世纪八九十年代实证研究的不断深入，时间地理学在研究中发挥了重要作用，学者们越来越重视客观空间要素、主观利益关系在游憩行为中起到的"理性"作用。McAvoy 主张建立一种游憩行为的管理范式，Heywood 则提出一种利益双方"平衡性"的关系，将游憩行为理解为二元结构。进入 21 世纪，Marans 为这种"理性"结构提供了主客体辩证方法的思路，这对游憩行为主客体研究奠定了因果机制分析的"理性"基础。21 世纪以来，国外围绕游憩行为主客体研究所展开的影响因素与因果机制进行了大量的实证研究。因此，选取 1970—2022 年国外游憩行为研究主流期刊根据 Recreational Behavior 与其他 5 个相关高频词汇检索、筛选的 93 篇文献进行分析，评析这些年来国外游憩行为研究的进展情况与特点，对于学术构建与理论创新有积极的意义。

1. 文献研究的样本统计学分析

由图 2-8 可得，21 世纪以来的 2002 年、2009 年、2012 年、2015 年等几个年份的"游憩行为"研究数量相较 20 世纪有了显著的增量。

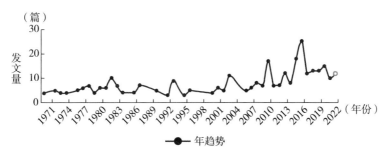

图 2-8　1970—2022 年国外"游憩行为"主题论文数量分布

注：检索条件：（V_SUBJECT＝中英文扩展（游憩行为）或者 title＝中英文扩展（游憩行为））（模糊匹配）。

2. 文献研究的主要观点

早在 20 世纪 70 年代，国外就已经出现了关于"游憩行为"方面的实证研究。根据对半个世纪的文献研究内容的整理与归纳，国外的"游憩行为"主题研究主要分布于"户外游憩行为""游憩行为""游憩""游憩专业化""场所依恋""游憩需求"等方面，相较于国内，国外研究更关注行为体现的内在需求与个体感知（见图 2-9）。国外对"游憩行为"的研究进展可划分为两条发展路径：一是人性主义方法（Humanism Method），主要包括行为社交要素（Social Communication）、人地价值观（Human-Land values）、行为与地方感知（Behavior and Local Perception）；二是理性主义方法（Rationalism Method），主要包括利益关系的衡量（Interest Relationship）、本体结构研究（Ontology Research）、游憩空间要素（Recreational Space Factors）。进入 21 世纪后，这种"人本主义"与"理性主义"的研究界限开始变得模糊，越来越多的多元型研究不断涌现。在研究方法的引导上，也从单一性的学科方法转向以应用为主的综合方法，即从学科方法为导向转变为以研究的实际内容为导向。

20 世纪 70 年代开始，受到城市社会学的影响，游憩行为被认为是一种因特定行为组织而产生的社会性活动[146]。比如，Yoesting 就认为户外游

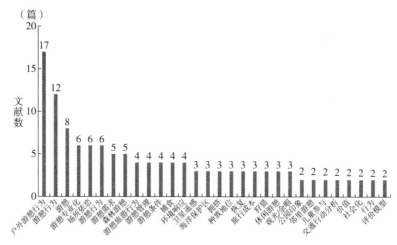

图 2-9　1970—2022 年国外"游憩行为"论文主题领域分布

注：检索条件：（V_SUBJECT＝中英文扩展（游憩行为）或者 title＝中英文扩展（游憩行为））
（模糊匹配）。

憩活动本质上是一种社会活动，游憩行为对人的社会交往活动以及对社会
网络构成具有显著的影响[147]。这也反映出国外早期将游憩行为研究作为
一种社会行为学的研究范畴[148-150]。Colton 主张运用符号互动论（Symbolic
Interactionism）来理解户外游憩行为，认为游憩行为是一种互动关系构成的
社会现象，主要体现于行为个体对他人互动的象征性意义[151]。作为行为主
义心理学的方法结构，无论是 Kim 的社会性游憩行为调查[152]，Becker 的
"社会游憩承载力"[153]，还是 Stokowski 的社会网络结构主张[154]，都代表
了 20 世纪 80 年代社会行为学研究的理论观点，也是早期社会行为学方法
的基本研究结构。

随着游憩行为研究在城市社会学、行为心理学中的研究进展，学者们
也开始关注游憩行为的"理性"层面[155]，国外早期对于游憩行为的"理
性"主要来源于户外游憩行为的社会规范化，以及规范和制裁关系在户外
游憩中的衡量[156]。McAvoy 和 Heywood 是这其中的主要代表人物。McAvoy
和 Dustin 认为，在处理公园游憩行为利益关系中发生的矛盾时，应当采取
直接性的管理方式[157]，尤其是在不同文化与不同种族之间的利益冲突中，
并指出游憩行为并不是一种对公共场合完全"自由"的行为[158]，而是一

种对待公共场所规范化的态度表现。Heywood 则采取一种相对温和的态度，认为当这种规范化的管理方式受到社会普遍认可后，也会产生社会义务的约定俗成，即一种"价值"的衡量关系[159]。Heywood 的"博弈论"（Theory of Game）就是用"利益价值"平衡的观点解释在户外游憩活动各方之间的利益关系[160,161]，并构建了一种游憩行为参与主体的"规范化—价值—义务—情感"的认知路径。在该路径中，Heywood 认为游憩行为与社会、资源条件等外部条件并不构成直接关系[162]。Heywood 的研究也代表了进入 21 世纪后的研究趋势，即游憩行为研究更加关注主体因素的趋势[163-166]，研究视角也开始从客观的、外部的、场所的、社会的转向多维角度与多重关系[167-170]。从这个方面来说，对游憩行为"理性"的研究方向便开始重新转为"人本"，但这种"人本"的转向既不是重新对城市社会学的审视，也不是行为主义心理学的方法巩固，而是一种游憩行为本体方法论上的多元复杂性结构的认知转变。

理论构建的研究能够为游憩行为的实证研究提供更多理论支撑依据，可以避免陷入实证研究与实际问题的"供需错位"现象。一直以来，不断有学者在游憩行为的本体论研究中试图通过"空间"（Space）建立一种基于行为地理学的理性主义研究路径。进入 21 世纪后，游憩行为研究开始从行为研究、地理研究、社会研究转向主客观要素在时空状态下的结构研究，即将游憩行为从单一性要素作为一种整体的系统机制进行解释的过程。比如，Marans 就认为城市中的游憩行为本质是一种行为主观和空间客观的结构性问题，这种主客观性在结构上具有统一性也具有相对性，其结构关系会根据空间结构要素的改变而发生变化[171]。这种主客观统一与相对的辩证型思路虽然并未触及游憩行为本体论部分，但通过辩证方法来分析游憩行为建立在空间中的空间动机机制，实际上是对游憩行为实证研究提出了理论建模的结构性依据。与 Marans 的角度不同，More 更侧重于研究游憩行为的因果机制。More 将游憩行为纳入元理论的范畴，主张从生物学、心理学和社会学的角度对行为的功能、机制和能力进行系统分析，根据亚里士多德的四重因果模型对游憩行为中的约束、利益、流动等概念进行了分类[172]。从游憩理论的因果机制来说，More 的研究成果为游憩行为理论方法的研究框架提供了理论研究范式，也为游憩行为实证研究带来了结构建模分析的因果依据。

根据 Marans 对游憩行为理论结构的"理性主义"判断,游憩行为产生的因果机制应该是一种主客体关系的统一作用。在实际行为过程中,人对空间产生选择,空间也对人的心理与感知进行反馈。这不禁让学者们开始关注人地价值之间的联系,而这个过程也从客观上导致游憩行为的研究方法从"理性主义"到"人本主义"的回归。比如,Heywood 认为,游憩行为中的生物性与社会性存在环境因素上的关联性,行为机制的分析应该被纳入一种多维关系的研究范畴[173]。Bright 却为这种关联性赋予了"人本主义"色彩,主要体现在游憩行为主观要素的因果机制上。Bright 认为,影响游憩行为体验的关键因素是个人重要性,主张建立一种个人主观感知在环境体验中的绝对评价地位[174],从而根据主观动机方面的需求设计可改变其行为选择的外部条件[175,176]。Vittersø 等受 Bright 的影响,通过在研究中使用场所依恋对游憩行为的情感反馈进行研究,提供了一种人地情感联系对游憩客观行为与主观体验的影响模型[177]。而这种人地情感的联结主要是通过一种对主体研究的环境价值观念来实现游憩行为的映射[178,179]。Williams 等认为,游憩行为产生的经验对地方依恋敏感性具有显著影响[180]。在 Bright 和 Vittersø 的基础上,Hammitt 等将 Bright 的个人主观感知通过结构方程模型演绎为熟悉度、归属感、认同感、依赖性、扎根性五个维度,其中认同感和熟悉度对依赖性、扎根性、归属感具有显著的影响[181]。这也说明对于游憩行为在人地关系方面的研究,国外学界已经进入结构性研究的基本范式阶段,也加强了游憩行为研究的地方结构关系,此后学者们也开始更为关注与游憩行为密切联系的主体要素。

主体要素对游憩行为研究有至关重要的作用。Pfahl 和 Casper 采用结构方程模型的方法将游憩行为引入一种"动机"的解释,构建了"价值观—信念—规范"的影响模型,指出了"价值观"在模型中的决定性作用[182],这种"价值观"包括游憩空间服务方面[183],也包括主体在自然环境中的主观意向。Lee 等关注游憩行为、场所依赖与环境责任之间的影响关系,认为游憩体验对游憩者环境责任能够产生正向的影响,环保态度对于游憩行为的积极性影响也产生显著的相关性[184-186]。Lee 的研究并不是单纯地对地方提出了结构方法的实证研究依据，而是从"情感"与"责任"的评价体系构建了一套以场所依恋形成"价值"体系的方法。这对于后来的 Larson 有很大的启发，Larson 在构建地方亲环境路径的亲环境行为（Pro-environment Behavior，PEB）研究中采用结构方程模型方法构建了"保护—游憩"的影响关系结构，认为场所依恋对亲环境行为具有重要作用，而地方游憩行为又能反过来促进场所依恋[187]。Whiting 认为，社会互动、身体健康和健身、放松和恢复以及自然互动是导致不同群体产生游憩行为差异性的主要因素[188]。Ellis 也基于空间感知与行为表现的关系，认为游憩行为的驱动来自一种主体对客观条件情感认知的复杂机制，而在这种机制中，游憩者的经验能够对行为起到促进作用[189]。

此外，不同行为主体在空间中的行为机制差异性也是国外游憩行为研究"人本主义"的特征，如 West[190]、Devine[191]、Dagenhardt 等[192]、Stodolska 等[193]、Oftedal 等[194]、Fernandez[195]等对游憩行为的研究结果显示，个体在行为上越来越多受到主观内在因素的影响，社会环境因素造成的影响差异越来越小。这也对 20 世纪七八十年代游憩行为的社会行为学观点提出了挑战，为未来的游憩行为研究奠定了多元化、复杂化、综合性的研究语境。

主体感知建立了一种从"主体心理"到"客观行动"的因果机制[196,197]。实际上早在 20 世纪 70 年代场所依恋方法被提出时，学界就开始关注游憩行为感知研究。在该类型研究中，学界更注重主体在行为过程中的体验获得，而不是"场域"构成的结构性关系。这实际上说明游憩行为感知的研究一开始处于相对"理性主义"的范畴。比如，Young 认为户外游憩活动具有一种"活动类型"与"分布类型"在时空上的不稳定性，游憩行为在空间分布中具有普遍分散与随机性的特点[198]。时空场所要素的改变可以跟随主体游憩行为的感知与体验改变，这也就成为对游憩主体感知与体验进行研究的客观依据。Hammitt 则在 Young 的基础上更进一步地认为游憩者在场所表现出的活动类型分布，实际上是一种行为与场所耦合产生的地方偏好性[199]，于是造成了由游憩设施的功能性体验产生游憩功能的密度感知[200]。这一观点后来也得到了 Westover 和 Collins 的支持[201]。后来也有学者认为这种感知差异性也可以表现为文化认知结构和客观事件因素[202-204]。从 20 世纪 80 年代末到 90 年代末，游憩行为研究开始从"空间—个体"的路径转向"主体—结构"的关系。主要表现为游憩行为满意度、偏好与动机、行为决策机制等主观结构的因果关系研究[205,206]。

进入21世纪后，学者们更为关注游憩行为在地方感知结构性的相关性研究，主要表现为主观感知与客观环境相互之间的要素结构关系[207]。Vitterso等通过在研究中使用场所依恋对游憩行为的情感反馈进行研究，认为游憩方式与实际行为的一致性有助于游憩行为的体验优化[208]。此外，有大量学者采用场所依赖结合建模方法，对游憩行为在空间行为的文化与服务感知[209]、心理感知与行为表现[210]、主观幸福度[211]、游憩行为的阶段性价值[212]、文化背景与游憩行为主体身心表现[213]、空间结构的叙事性[214]等诸多难以量化的行为感知测度进行了相关性研究。并且在研究主体对象上也出现了多层次、多结构的差异性，如Lundberg等[215]、Burkett和Carter[216]、Rosa等[217]、Colley等[218]、Yuan和Wu[219]、Outley和Witt[220]、Stodolska等[221]、Dhami和Deng[222]等关注游憩行为主体的职业、性别、年龄、种族、阶层等个人要素在游憩行为因果结构中表现出的影响差异性。

相对于游憩行为的主观要素来说，以空间环境研究作为切入点凸显"理性主义"的方法特征。空间因素对游憩行为来说是一种至关重要的影响要素[223]。从20世纪90年代开始，有学者认为游憩行为可以通过一种游憩出行成本模型来进行出行次数周期性的优化[224]，这为环境要素对人的行为产生与空间模式的影响提供了方法依据[225]。因此，Tarrant和Cordell提供了一种地理信息技术（Geographic Information System，GIS）对户外游憩活动在空间分布中的规划应用[226]。但游憩行为研究在空间要素的研究中仍没有脱离"人本"的范畴。Kliskey基于地理信息技术，针对游憩活动的资源利用提出了一种游憩地形适宜性指数（Recreation Terrain Suitability Indices，RTSI）的空间研究方法[227]，为客观空间与主观偏好的结构融合提供了一种技术路径。Fleishman和Feitelson通过一种在环境承载力的游憩满意度空间量化测量方式，来计算不同游憩区域间的服务水平差异[228]。在该方法中，游憩主体的满意度仍然是重要的测量指标。这也体现出空间要素与社会学方法的建模仍是一种密不可分的交叉状态。比如，

Beeco 等就根据游憩适宜性地图（Recreation Suitability Mapping，RSM）和全球游客跟踪定位系统（GPS Visitor Tracking，GVT）作为游憩行为建模结构的量化依据，对公园空间资源的利用进行研究[229]，这就是一种空间量化技术与社会学方法结合的研究探索。Scholte 等也通过空间要素的建模研究指出了土地空间的物理要素、游憩潜力与公众的游憩偏好程度构成的影响关系[230]。Biedenweg 提出的景观价值地图（Landscape Values Mapping，LVM）也是一种基于游憩行为的空间量化信息的结构建模类型的方法研究[231]。随着互联网技术的提高，社交媒体数据也可以作为游憩空间规划的量化依据[232,233]。至此，游憩行为在空间要素方面的研究特点也转化为不同的技术手段与主体性需求要素的匹配关系。

3. 国外游憩行为研究的特点

表 2-3 梳理了国外与"游憩行为"相关的 93 篇文献，根据表 2-3 可分析出以下五点：

表 2-3　国外与"游憩行为"相关 93 篇文献类型的统计与集中年代

类型	文献（篇）	占比（%）	集中年代
因子分析	85	91.40	20 世纪 70 年代至今
描述性分析	82	88.17	20 世纪 70 年代至今
结构方程模型	77	82.80	20 世纪 90 年代至今
地理信息技术	39	41.94	20 世纪 90 年代至今
"混合"倾向	38	40.86	21 世纪至今
"人本"倾向	37	39.79	20 世纪七八十年代，21 世纪初至 20 年代
"理性"倾向	18	19.36	20 世纪 90 年代至 2000 年

资料来源：笔者根据 93 篇外文文献检索进行自绘。

第一，国外游憩行为研究的总体进展表现为"人本"到"理性"以及"理性"到"人本"和"多元"的过程，在该过程中，"人本"是主体结构，"理性"是技术支撑，"多元"是研究的总体趋势。

第二，结构方程模型、因子分析等统计学方法是游憩行为研究的主要技术方法，这也说明游憩行为内在机制主要体现于主客体在各结构要素中的相互影响关系。

第三，地理信息技术为游憩行为研究提供了主要的客观量化依据。

第四，目前国外对于游憩行为的理论研究也比较缺乏，且集中于21世纪初，说明理论研究也是"人本"与"理性"在方法路径转变过程中对于本体理论的探索与尝试，大量实证研究说明，本体理论的切入点在于主客体的相对统一。

第五，由"人本"和"理性"体现的游憩行为多学科融合研究集中于21世纪初，与理论研究时间点重合，说明游憩行为的理论研究对其应用型研究方法与技术起到了促进作用。

4. 国外游憩行为研究的评述

从20世纪70年代至今的93篇文献中，可归纳整理出游憩行为在国外学术界的发展脉络，实现了一种从"学科"视角到"内容"的聚焦，也可理解为从"行为现象"到"结构认知"的过程。具体评述可总结为以下三个方面：

（1）"人本主义"与"理性主义"在"具象化"与"抽象化"之间的转化过程。从20世纪70年代开始，学者们便开始注意游憩行为在生活中的表现，由于行为的主观性（可能是一种来自西方普世化的"自由""权力"的道德影响，但并未被证实）体现，国外研究将其理解为一种社会行为现象。真正使游憩行为研究具有理论方法指导意义的阶段产生于21世纪后，学者越来越重视结构要素在复杂机制、因果驱动中的表现，将测量指标作为系统性要素进行抽象性研究，即把游憩行为从一个"行为现象"的具象化活动理解为一种理论结构中的要素体现，同时结合多方面要素的量化依据进行系统性处理。这也说明游憩行为的研究具有越来越系统性、客观性的研究体系。

（2）"人本主义"与"理性主义"展现出不同的阶段性研究特点。在20世纪70年代，游憩行为的研究虽然是以代表"人本"的社会行为学作为发展进程的开端，但当时对于这种"人本"是以学科视角与研究范畴为主要体现。到21世纪后，随着学科体系分支增加、丰富的实证研究积累以及研究技术方法的更新，游憩行为研究的"人本主义"也从学科角度转向以多学科技术交叉的"结构性"角度。对于"理性主义"来说，也是一个从理论逻辑的框架逐渐转向"结构性"的因果影响系统的研究，从对行为研究的空间特征性变化到以量化数据为支撑的影响结构研究，也是对游憩行为"结构性"的认知结果。

（3）"人本主义"与"理性主义"从相互对立到逐渐统一。实际上也是一种学科相互融合的过程体现。在游憩行为的实证研究中，"人本主义"能够提供对现象事实的归纳、分析与推理方法，在游憩行为的相关性研究方面体现了对于研究结构的重要意义；而"理性主义"也是从游憩行为研究前期提供理念、理论指导依据逐渐发展为一种数据与量化技术的支撑，对于"人本"结构来说也是一种必不可少的客观依据。因此，"人本"与"理性"在游憩行为研究中的界限也越来越模糊。这说明未来对游憩行为的研究需要采用多视角、多学科、多技术、多要素的综合方法，学科体系也需要拓展，以应对未来更为复杂化的游憩行为研究需求。

三、游憩行为研究的文献归纳总结

根据上述国内外游憩行为研究的文献整理，总体可归纳为以下几点：

1. 游憩行为研究在城市规划中的重要意义

在国内外早期的游憩行为研究文献中，游憩行为从表面上主要体现为城市居民的空间流动数据，即城市地理学从时空维度上体现数据流动性的差异性。这种特性为城市不同空间的经济地理特性奠定了基础，也为城市不同空间发展与土地规划建设提供了依据。进入 21 世纪后的国内外文献明显更加重视人地情感联系，为城市规划细节性的品质升级提供了更为丰富的权重指标构建体系。

2. 游憩行为研究的社会人文研究基底不变

城市中的游憩行为归根结底是城市研究的一部分，而社会人文基底对于城市研究来说至关重要。游憩行为是社会人文需求的主要体现，也是一个城市生活品质与吸引力的主要表现。从国内外文献综述的启示来看，游憩行为研究对于现代城市文明的发展具有一定的前瞻性，可衍生出"社会""人文""人类"等城市社会未来发展主题,也是人类文明迈向更高台阶的体现。

3. 游憩行为研究的方法多样性

随着城市结构、城市现象、城市问题的复杂性与多样性,游憩行为在城市研究中也呈现出多样性与复杂性的特征。因此,这就需要打破常规学科边界,采用多学科交叉的方法,提供多元化的研究角度,从多个方面对游憩行为与城市研究进行聚焦。国内外的文献综述显示,目前以城市社会学、行为地理学为主要结构方法,以风景园林学、行为心理学、城市规划学为主要研究方法,以空间地理学、时间地理学、社会统计学为技术方法的多学科交叉方法构建研究框架的城市实证研究已经成为主流。

4. 城市人地情感价值的人本主义发展趋势

游憩行为本质上是一种以个体意志为主导的空间接触行为,在城市空间的使用过程中,接触产生的人地情感价值能够直接影响游憩行为主体对空间客体的评价,这也集中体现于游憩满意度、游憩偏好性、游憩动机等方面。从国内外的研究趋势来看,随着城市生活品质的不断提高,游憩行为研究中的个体意愿也在不断发挥着重要的作用,也是城市"人性—人本"发展趋势的表现。

第三节　基于游憩模式的规划思路构想

从 20 世纪 60 年代至今,中外学者们对游憩功能在城市规划结构的探索进行了多种尝试(见表 2-4)。以下八种国内外主流的游憩模式规划构想,均凸显出不同时代城市发展语境下的学者们对于城市游憩功能不同侧重方面的理念。比如,游憩生活圈结构、环城游憩带理论、"星系"模式,都代表了中国城市化进程中的城市扩张发展需求。在这种发展的需求下,城市结构、空间资源、交通分布等模型因素分别针对城市功能的商业、旅游、人居等多个层次进行空间形体上的结构组合。

表 2-4　国内外游憩模式的城市规划构想

游憩模式名称	主要内容	关注的主要问题	结构依据
Clawson & Knetch 模式 (1966)[234]	将城市空间分为空间利用者指向地域、资源指向地域、中间地域三种不同功能要素的圈层结构	城市空间功能的基本规划方法	城市规划的圈层特点
罗多曼模式 (1969)[235]	提出城市功能分区的网络结构；提出自然公园的典型性；提出自然保护区与旅游、景观、工业区等区划空间的连续性网络模式等	通过交通分配来实现城市功能单元的结构联系	城市交通的网络结构
游憩生活圈结构 (吴承照，1998)[236]	通过时间地理学的空间与时间客观结构对活动载体的表现，以居住结构为中心的空间功能规划	基于城市人居结构的空间可达性功能分布	城市居住地可达性
环城游憩带理论 (ReBAM) (吴必虎，2001)[237]	对于城市郊区空间结构来说，距离城市中心越远造成的游憩成本越大，土地投资成本越低，反之亦然	从游憩成本与用地投资两方面考虑的平衡性关系	游憩成本与投资成本关系
"星系"模式 (俞晟，2003)[25]	以核心城区的可达性分为游憩带的近程、中程、远程三个层次与其对应划分的游憩空间内容	核心城区庞大的人流量与较小规模的游憩空间资源形成的矛盾	核心城区的可达性
"面—点—带"模式 (黄家美，2005)[238]	采用商业用地、居住用地、工业用地与郊外用地的功能分区法，分别给予不同空间不同功能要素	功能结构分异的城市空间用地规划方法	城市空间的功能分区
"极核—散点—带"结构 (宋文丽，2006)[239]	在商业用地、居住用地、工业用地和郊区空地中分布功能不同的游憩场所，以对应空间使用功能	功能结构分异中的游憩带分布规划	
"极核—组团—扇形—环状"蛛网模式 (冯维波，2007)[234]	将城市游憩空间通过多种空间形态组合纳入一个"放射状"的"中心—四周"蔓延的结构	在功能结构分异的基础上注重其单元之间的联系与影响	通过游憩系统的等级数来决定

资料来源：笔者根据相关文献资料自绘。

通过对比分析可知，游憩模式的城市规划构想主要集中于空间功能分区，从功能结构上将城市划分为不同的片区与不同的组合方式。结合这些构想提出的年代来看，八种规划模式均符合当时城市发展的需求，是时代的产物。这些构想随着时间轴线也逐渐呈现出一种更为多元化的功能区分特征。国内外八种游憩模式的城市规划构想方案，其实是在讨论一种基于"时间""空间"要素的规划方法，带有明显的时间地理学特性，游憩功能所对应的空间主要是不同功能分区的"过度地带""郊区地带""功能衰减地带""空白地带"等区域，可以看出游憩功能在城市"增长"与"发展"状态下，并没有从结构模型构想中体现出其城市需求的重要性。值得一提的是，2007 年后，游憩模式的城市规划构想也鲜有提及了。

第四节　游憩相关理论

一、游憩空间理论

游憩空间（Recreational Space）这一概念最早在 1979 年由中国台湾学者黄继渊引入国内，城市公共游憩空间（Urban Public Recreational Space，UPRS）则是在城市功能的社会机理下产生城市"社会—经济"游憩空间耦合关系形成的二元结构层次体系，也有研究者认为其空间性质体现了城市游憩者、政府组织者、经济资本决策者构成的行为、权力与资本的复杂三元组织结构[240]。

早期的城市发展较为依赖宏观政治结构与经济基础作为先决条件，因此早期的城市游憩功能一般被认为是城市旅游、休闲、游乐等多项功能为一体的综合性城市服务体系，以此来实现对城市增长相对应的经济结构发展的决策调控[241]。但随着城市多元化发展，特别是近年来主体产业结构发生了改变，人们开始意识到城市游憩包含了更多经济增长之外的社会生活意义[242]，于是城市游憩、旅游、休闲、游乐等综合性城市服务体系开始因不同城市空间的服务功能而变得更为细化，以此满足人们对城市细节品质的空间功能需求。

在不同时期的城市发展过程中，人们对于城市公共游憩空间的需求也有行为表达上的不同之处。在信息经济时代，人们更加注重可满足不同阶层需求的游憩空间资源，空间意向特征、人文可持续性、分享型经济在政府优化决策的引导机制下更具备新时代城市建设的特点。余玲等在对中国城市公共游憩空间进行研究后，认为在城市发展过程中，城市公共游憩空间会受到来自城市规模、自然条件、政策法规、社会经济等多方面因素的影响，因此在城市公共游憩空间中，应加强空间资源的个性化、多样化与持续更新管理水平的优化匹配[243]。目前对于城市公共游憩空间的研究主要集中于规划设计与开发策略、综合评价体系、游憩空间系统形态结构三个主要方面，说明建设高品质城市公共空间与提升城市整体空间服务质量已经成为当前较为迫切的城市发展需求。

二、游憩需求理论

1. 城市生活的基本需求

游憩是城市生活中最常见的行为之一，也是人们体验生活享受生活的主要方式。在城市发展过程中，游憩资源一直占有非常重要的地位，这集中表现为人们对游憩的需求（Need）。Godbey 提出"游憩应被认为与生活品质相关"[244]。Marans 和严小婴通过人的健康状况与客观环境要素的建模研究认为，城市环境设施与社区质量、人们游憩的满意度、健康状况具有关联性[245]。城市公园、游憩、生活质量三者之间对人们的城市生活体验构成紧密的相互关系[246,247]。

在国际机构与组织的评价中，游憩也是关乎城市生活质量的重要组成部分。1997 年，世界卫生组织（WHO）制定了衡量生活质量的指标（The World Health Organization Quality of Life，WHOQOL）[248]（见图 2-10）。美世（MERCER'S）在 2011 年对全球城市环境质量因子分析进行了归类（Location Evaluation and Quality of Living Reports）[249]，认为游憩是城市生活质量评价的主要因子之一（见图 2-11），对于人在城市中对空间环境、社会环境与自身个体环境需求进行了系统的构建。欧洲 27 国关于城市生活质量衡量的 EurLIFE 数据库资料显示（http：//www. eurofound. Europa. Eu/areas/qualityoflife/eurlife/index. php），"Quality of Life" 和 "Recreation"（生活质量和游憩）两者之间的关系密不可分。

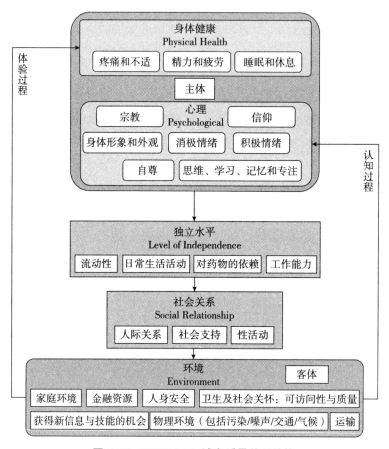

图 2-10　WHOQOL 城市质量关系结构

资料来源：笔者根据 WHOQOL：Measuring Quality of life，The World Health Organization 1997 [EB/OL]. www. who. int/montal_health/media/68. pdf. 绘制。

2. 游憩的供需关系

游憩、生活质量、城市环境三方面因素构成的影响结构，也为学界提供了城市游憩行为研究的结构范式。Wall 认为游憩的供给、需求构成游憩

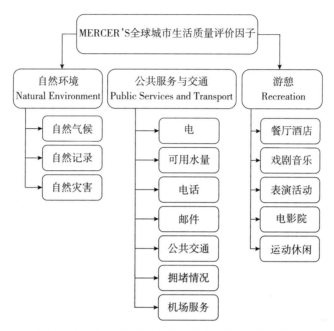

图 2-11 MERCER'S 全球城市生活质量评价因子

资料来源：笔者根据 https：//www. mercer. com/articles/quality－of－living－definition－1436405
绘制。

行为的感知和决定（Perception and Decisions），与经济、环境、社会共同
构成的游憩模式（Patterns of Recreation）发生结构性影响作用[250]。其中，
游憩模式要素主要包含游憩参与人数、游憩频率、游憩时长、游憩时段、
游憩地段、游憩计划、游憩组织七个方面。因此，游憩行为可解释为时间
和空间对游憩主体产生的影响。

另外，游憩行为在城市综合结构中表现为环境的（Environmental）、社
会的（Social-cultural）、经济的（Economic）三个主要层次[251]。环境影响
主要包括生态资源空间分布对居民分布的影响[252]、生态系统服务功能对
人居结构的影响、城市用地扩张对环境协调性的影响[253]等人与自然结构
要素构成影响因果关系；经济影响主要产生于城市商业互动功能、建设与
资源维护[254]、游憩设施使用所取得盈利[255]等人与地区资源要素构成的经
营关系方面；社会文化影响主要表现为主观体验与客观评价方面，包括空

间质量评价对人地感知影响[256]、地方依恋与人地情感[257]、历史文化与游憩感知[258]等行为主体感知方面的表现。游憩需求所带来的环境、经济、社会文化三个层次的供需关系也并非绝对明显的界限。比如，生态环境对社会文化能够造成影响，但从建设成本与后期运行维护来说，又属于经济影响的范畴，而游憩行为以社会文化作为居民内在需求的驱动，又可以为地区带来多种商业模式。

简单来说，游憩供需理论建立在一种对行为满足、游憩体验、服务功能的"需求"与空间资源提供的"供给"双向平衡的机制上，也是一种基于游憩行为"价值"关系平衡的观点。由于人们对美好生活的向往具有复杂性特征，未来对于游憩供需理论的研究也会涉及多个方面，多学科交叉性研究将是未来游憩供需理论的主要发展趋势。

三、游憩机会谱理论

为了制定一套同时兼顾满足环境资源和游客参与者娱乐体验的多目标结构框架，美国林务局（USFS）和土地管理局（BLM）带头开发了游憩机会谱（Recreation Opportunity Spectrum，ROS）系统，该系统广泛应用于旅游管理、城市规划、自然资源管理、用地分类等方面[259]。对于城市绿地开放空间来说，游憩机会谱具有资源普查、资源管理、游憩体验反馈、环境优化等功能。田宏认为，游憩机会谱理论是一种体现个人对于环境游憩体验的偏好，根据这些偏好性，个体对环境产生了一系列符合自身喜好特征的行为[260]。有学者认为，游憩机会谱中的"游憩机会"的定义是使公民在自然条件下获得公平的、令人满意的游憩体验，对于自然环境的游憩使用达到与期望相符的体验结果[261]。蔡君认为，游憩机会谱的构成要素主要包括自然环境与景观构成的环境特征（风景、地貌、植被等）、游憩参与主体（使用水平、人群类型等）、当地管理条件（规章制度、交通条件、开发程度等）[262]。

在研究方法上，游憩机会谱研究主要以问卷量表方法作为实证研究中因子分析的依据[263]。游憩机会谱理论的方法主要根据城市公园游憩空间中的环境要素，通过自然协调度与环境质量相匹配的游憩密度[264]，来调节城市公园服务功能，使之具有提升地域文化性、增加社会组织与活动、提升设施质量等空间功能。比如，王敏和彭英以城市绿地系统规划为依据提出了基于游憩机会谱理论的城市公园体系发展策略研究框架（见图2-12)[265]，为城市公园游憩资源的规划策略提供了参考依据。在学术研究中，王海珣认为植物景观、满意度、游憩体验、游憩偏好等因素通常是构成游憩机会谱结构方程模型中的主要测量指标[266]。也有研究将游憩环境中的自然生态资源根据等级划分为谱系，对应不同的地区开发与保护策略[267,268]。通过游憩机会谱研究发现，城市公园游憩设施有助于人们身

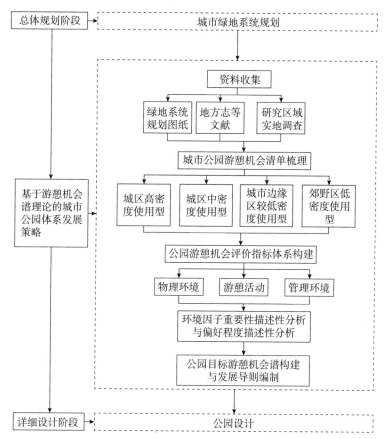

图2-12 基于游憩机会谱理论的城市公园体系发展策略研究框架

资料来源：王敏，彭英.基于游憩机会谱理论的城市公园体系研究——以安徽省宁国市为例
[J].规划师，2017，33（6）：100-105.

体健康问题的改善[269]。林广思等认为，游憩机会谱理论的结构性主要体现在环境因子（物质环境、管理环境、社会环境）和活动因子（人口统计学特征、行为特征、游憩行为偏好）的二元性结构，主要用于探知环境对人活动所产生的生理影响和心理影响[270]。

游憩机会谱理论空间研究的实证意义主要集中在个体的行为与环境产生的耦合性机制方面，如游憩机会谱提供了逻辑明晰的人造物质空间、自然环境资源、城市公园环境、人文游憩行为等要素构成关系。其方法主要是通过环境资源构成自然承载力与游憩行为的关系，构建优化空间结构，提出策略性指导，对于游憩资源空间规划具有借鉴意义。

第五节　已有研究的贡献与不足

一、主要贡献

1. 为游憩行为研究提供了大量的实证依据

主要集中在空间要素、影响机制、形态结构三个方面。在空间要素中，可达性、交通分布是游憩研究的两个主要方向；在影响机制中，主要是关于游憩满意度、游憩动机、游憩偏好三者的相关性分析；形态结构研究主要是以功能分区作为依据。

2. 为游憩行为研究提供了技术手段

比如，结构方程模型、因子分析、聚类分析等统计学方法，基于地理信息技术的核密度分析、可达性分析、高程分析等，以及 IPO 抓取、互联网信息等综合技术方法。

3. 为游憩行为的学科方法论提供了参考

游憩行为研究涉及社会行为学、时间地理学、行为心理学、城市管理学、风景园林学、城市规划学等多种学科方法。无论是研究方法、系统框架、结构搭建，还是理论探索、实证分析，都需要以多视角作为依据。

二、不足之处

1. 缺乏游憩行为的社会研究

人是一种社会动物，其行为离不开背后表现出的社会需求，但当前对游憩理论的研究已经滞后于游憩行为的实证分析。当前理论缺少对"人"和"城市人"的社会结构要素及其关系的分析，以及对个体的社会网络结构与地区性关系的梳理和归纳，如社会网络结构、社会异质性、社会需求、社会象征性等方面，现有理论与研究都较为欠缺，因此，游憩场所便缺乏社交功能。

2. 过于重视客体的外在影响，忽略主体内在需求

对行为现象来说，个体行为表现出的地域性、文化性、情感与感知等方面都存在着不同程度的差异，游憩行为作为一种"人与空间进行接触"的实质性表现，其本质是主客体双方通过一定作用而产生的结果。当前理论与研究普遍较为重视外在客观条件对游憩行为的影响，忽略了主观意志的驱动作用和人的主体地位。因此，忽略主体内在需求就会导致游憩服务品质无法满足人们的需求。

3. 对游憩行为的结构认知不足

游憩行为并非是一种孤立的空间"形态"，而是作用于空间的"机制"，现有理论与研究大多呈现出一种应对"现象"的空间形态规划模式、建议、策略，实际上并没有说清楚游憩行为产生现象的根源，即缺乏对游憩机制的剖析。缺少对人的深度行为刻画，导致研究成果很难对应个体实际需求。当前理论更倾向于将游憩行为作为一种"现象"，即影响机制带来的"结果"，对结果进行评价，而并非研究机制本身，实际上就是一种认知不足。这也是导致城市资源分配出现不合理的主要原因之一。

第三章 | **游憩行为理论假设**

　　"城市人"理论认为人是城市空间具备多重要素的参与主体，无论以"城市人"视角对游憩行为进行解读，还是基于游憩行为对"城市人"理论的反省，两者之间都构成研究结构上的关联性，结合演绎法进行因果条件推导，可得出游憩行为现象—游憩行为因果机制—游憩理论假设条件分析—游憩行为理论结构假设。

第一节　游憩行为的现象与因果分析

　　从游憩行为的现象来分析，大致可将游憩行为的现象归纳为"脱域性""依赖性""随机性"三个主要特征。根据三个主要特征可推出游憩行为"产生动机"与"限制因素"的因果作用机制。

一、游憩行为的"脱域性"

　　随着城市研究的不断精细化，地区空间内外界的流动性也开始不断引起学界的重视[271]。传统的"脱域"概念产生于空间社会学[272]。游憩行为的"脱域性"主要体现于生活圈结构外部，游憩行为的"脱域性"（Delo-calization）是指居民的游憩行为逐渐开始脱离社区本土结构，选择游憩的扩展范围脱离地区限制。游憩行为的"脱域"是相对于城市居民日常生活圈范围的脱域，是对居民生活圈产生游离状态的自由外出活动。以"城市人"理论的"人事时空"四维度要素分析，游憩行为的"脱域"主要表现于以下几个方面：

　　（1）城市交通系统与城际交通的日渐便利。这使得城市居民越来越多的享受到城市空间服务便利的设施，这也是近年来城市规划建设对城市发展带来的贡献。以郑州地铁来说，截至 2022 年开通的地铁总长度为 206 千米，预计一年内将再开通总长度120千米的地铁线路。此外，逐渐丰富的路网结构与公交站点也在不断提升城市交通系统的通行能力，为居民的远距离游憩行为提供了基础设施保障，为游憩选择的"脱域"提供了空间物质保障。

（2）私人交通工具与共享交通工具的普及。主要包括私家车与共享交通工具。2018年12月，郑州市私家车保有量为400万辆，2022年3月达到512万辆[273]，而近些年出现的共享单车[274]、共享电车、共享汽车[275]也逐步成为人们城市通勤外出的新型交通方式。因此，城市公园在城市空间距离上带来的吸引力，也正随着私人交通工具与共享交通工具的普及而不断扩大，造成越来越多的游憩行为对聚居地的"脱域"。

（3）网络时代的信息宣传。近年来发展迅猛的抖音、快手、小红书、哔哩哔哩等网络平台，在人们获取的信息中占有极大的比重，促使环境优美的城市公园成为"网红打卡地"，这构成了让处于生活圈中的居民"多走出去看看"的吸引力[276]。这一现象随着诸多"网红型"城市公园的建成而变得越来越普及，人们对于外出游憩目的地的选择因时间距离而产生的游憩动机阻力也会降低许多。因此，网络信息也是打破生活圈游憩结构物理空间的人居"脱域"新方式。

根据以上三点对游憩行为"脱域"特征的动机分析，构成个体对"自存/共存"理性价值的衡量标准（见图3-1）。对"城市人"理论的"人事时空"四维度要素结构来说，"人"（Person）是空间活动参与的意志驱动，对于行动参与具有主体性，在"脱域"结构中体现为"私人交通与共享交通的普及"；"事"（Matter）在客观事件中具有一定偶发性因素，在"脱域"结构中体现为"疫情封控下对外出游憩的渴望"；"时"（Time）在"城市人"理论中原本代表"空间接触的时机、动机、机会"，实际上是一种抽象的外在环境影响，在"脱域"结构中体现为"网络时代的信息宣传"；"空"（Space）则是客观物理条件造成的游憩机会，在"脱域"结构中体现为"城市与城际交通系统的便利"。

围绕"城市人"理论中"自存/共存"平衡的具体判断内容跟随"人事时空"发生变化的观点进行分析，"脱域"结构中的"人事时空"四要素也具有不同程度的"自存/共存"倾向性：公共事件所代表的"事"的

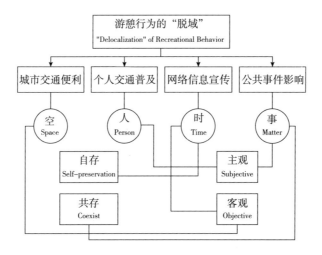

图 3-1　游憩行为"脱域"的"城市人"理论逻辑

资料来源：笔者根据"城市人"理论与游憩行为"脱域"关系绘制。

价值在于理性对社区公共管理"共存"的选择倾向；网络信息时代所代表的"时"倾向于"自存"的游憩价值吸引；私人交通与共享交通带来"人"在游憩行为主观能动性上的选择，因此这也是建立在倾向"自存"的价值需求基础上；"空"则是具有客观现实意义的交通机构优化，体现了城市空间规划与分布的"共存"原则。代表"自存"倾向的"时""人"与代表"共存"倾向的"事""空"也分别对应主客体结构的"城市人"理论二元性（"时""空"具有行为事件的客观性，"人""事"具有行为事件的主观性）。综上所述，游憩行为的"脱域"结构符合"城市人"理论结构的演绎逻辑。该结构对于游憩行为构成要素的研究具有结构方向上的导向性，为接下来基于"城市人"理论提出游憩行为假设提供了结构性依据。

二、游憩行为的"依赖性"

游憩行为的"依赖性"是与游憩行为"脱域"相对的"依赖"（De-pendency），二者相互构成对空间场域的二元对立与统一性关系，并非是场所依赖理论（Place Attachment）。游憩行为的"依赖"体现于人对生活圈地域范围的依赖。"依赖"与"限制因素"不同："限制因素"是迫于现实条件而对游憩体验被动性的妥协之选，是一种由客观造成的被动性因素；但"依赖"是一种来自主观的作用，表现为行为主体的主动性选择。游憩行为的"依赖"是与"脱域"的表现相对应的，表现为人们对生活圈内部地域性资源的依赖，这也是地区性游憩行为抑制因素构成的主要原因。具体可以分为以下三个方面（见图3-2）：

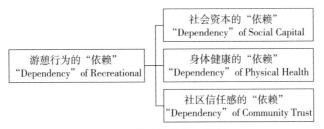

图 3-2　游憩行为的"依赖"

（1）因资源结构的生活圈内外对比而形成本土依赖。这集中体现于对当地社区人文环境较为依赖的中老年群体，他们普遍在本地社区生活时间较长，具有较深厚的地区信任、丰富的社会关系以及较强的社区凝聚力[277]。丰富的地方关系网络与社区社会资本导致他们获得本土更好的生活体验，对于外部游憩也就没有太多兴趣，从而形成封闭内向性的本土结构[278]。

（2）游憩主体因疾病、年龄等身体因素产生对社区的依赖[279]。主要集中在旧城区中年龄较大的中老年群体[280]，他们往往缺乏子女陪伴，但身体情况又不允许他们独自出行[281]，因此在社区生活中此类群体经常结伴而行，对社区产生的依赖性较强。

（3）地区信任。主要包括社区封闭式管理带来的居民对社区外的城市产生社恐、不安等社区空间异化问题[282]。随着社会节奏越来越快，城市空间的人情淡漠与社会异化现象严重，社区生活圈封闭的生活结构可以带来更多的安全感，从信任度和身体安全感两方面都比外部体验要更好。

综上所述，三种"依赖"的表现导致游憩主体倾向于对社区生活圈的本土依赖，也就是游憩行为局限于本土的封闭性表现。个体游憩行为对社区生活圈的四种"依赖"均表现为个体"主动性"的游憩选择，这种选择可能是出于对现实条件做出的理性折中，但仍表现出"通过理性选择聚居而进行空间接触"的"自存/共存"平衡原则。这种"自存/共存"的理性主要源于游憩行为结果可能获得的价值：因本地社会资源而产生的依赖体现出个体对于邻里社会资本的"自存"追求（一般来说，社会资本是一种"自存/共存"的体现，但过于追求社会资本的依赖会形成本土封闭结构，于是体现为"自存"的倾向）；因个人身体原因而选择社区聚居是一种对外界寻求保护的"自存"；因社区信任形成的地方依赖也是出于免于外界对自身造成伤害的"自存"。由此可见游憩行为的"依赖"看似是一种主体"通过理性选择聚居而进行空间接触"的主动性选择，但实际上体现出对社区生活圈游憩产生依赖的主体的悲观心理，这种悲观过于强调"自存"，进而忽视了在游憩行为"共存"方面存在的理性选择机会。对于游憩行为研究来说，游憩行为主体在行为过程中表现出的所有行动均体现为主体的动机。对游憩行为的"依赖"分析将有助于游憩行为的结构要素研究，为游憩资源分布策略提供实证研究依据。

三、游憩行为的"随机性"

1. "随机性"的定义

"随机"（Randomicity）并非"随意"（Randomness），而是"随着机会条件"进行决策选择。《陈书·徐世谱传》有云："世谱性机巧，谙解旧法，所造器械，立随机损益，妙思出人。"而后，宋陈亮在《酌古论·崔浩》中言："而不知事固有随机立权者，乌可以琐琐顾虑哉！"因此，从行为分析而言，行为本身具有很多随机性因素。游憩行为与人们在城市中的学习、工作等具体功能要素的行为表达方式不同，人在城市中的学习、工作、生活在行为产生的时空表达上体现出较强的"定式"，能够以客观规律分析并预测未来很长一段时间具体内容的活动，而游憩行为则相反。城市中的游憩行为多发生于人们在上述功能性活动以外的休闲时空，属于人们根据自身意志而表出的相对随机的活动行为，这种"随机行为"体现了人们在城市空间中的"自组织功能",因此游憩行为本身就赋予了一个城市关于这种空间作用的接触"随机性"。

2. "随机性"要素分解

从行为心理学来说,"随机"体现出一种对于生活习惯的思维表达,即思想潜意识中的个体或集体对于价值体系的认同。这种主观性的价值认知体现在客观事物的行为过程中,就表现出对于客观事物的存在进行反馈加工的结果。在游憩行为的"随机性"中,包括"游憩机会""游憩动机""游憩机制""机遇"四个方面,前两者主体性参与较多,因此也是实证研究的主要研究领域;而"机遇"更多则是以客观事实为主的不可控类因素,较为强调事件的偶发性,"机"体现了应对事件的灵活弹性措施,"遇"则表达出对未来预期的不可知与主体参与的被动性,即很难被预判,因此往往无法被当作市政研究的典型,但同时又是城市游憩行为中"随机性"非常重要的关键要素,在实证研究中也容易与"机会"相混淆(见表3-1)。

表3-1 游憩行为的"随机性"要素分解

分解要素	内在特征	外部表达	主体参与者的掌控程度	应对措施
游憩动机	游憩参与者的内在主观意志	日常生活习惯与游憩偏好性	容易	增加游憩内容多样性,增加地区文化特色与宣传
游憩机会	客观物质环境的主体可达性因素转化过程	物质环境、社交环境、文化环境的外部吸引力	容易	增加游憩空间与基础设施,并进行推广宣传
游憩机制	游憩行为在空间环境中的时空演绎	相关政策法规与地方建设的支持	适中	提升游憩行为参与者的自主性权力
机遇	独特事件的偶发性	超出参与者计划预期的事件	困难	加强地区弹性管理能力,保持地区文化开放性

3. "随机性"内容解析

在内容解析中,"随机性"的"机会"并不等同于"动机"。"动机"是产生行为事件的必要因素,具有能动作用,没有"动机"就不可能产生

"行为"，"动机"是主观根据客观产生的行为反射条件，是一种对机会的选择；"机会"则是表达一种个体对事物判断的标准，是一种经过理性加工的客观评估结果。在"机会"产生的过程中个体必须先预设在行为过程中获得某些东西，"机"代表了一定程度下存在的机遇、际遇，"会"表达出对行为事件发生所产生的可能性评估，"机会"可以是获得某些物质性回报的结果，也可以是一些能够产生自我价值、赢、快乐等非物质"回馈"的结果。"动机"更多是表达对已经发生的行为事件进行描述的过程，体现出"先发性"的时空特点；"机会"则是对行为事件可能获得结果的判断与预估，仅作为一种客观条件能够带来行为事件的理性考虑，并不是真正动因[282]。从主客观因素来说，"动机"是主观的内在动力驱动，而"机会"是客观条件的外部因素驱使（见图3-3）。因此，游憩行为产生的"随机性"是构成主观意识发动游憩行为"动机"的主要因素，从驱动层级判断，"机会"低于"动机"，属于未形成真正事件的想象评估。

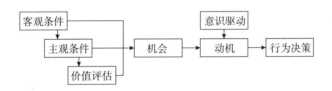

图3-3　游憩行为的产生机制

四、游憩行为的"动机产生"与"限制因素"

以城市公园的游憩功能分析，人们从城市公园中收获了身心健康与社交、文化、娱乐、亲子等众多方面不同维度上的体验与享受。基于这种行为体验的功能性，人们会根据游憩行为可能达到的预期效果，对行为产生来自主观"官能经验"与客观"地方信息"两方面的影响产生游憩的"动机"，而主观与客观也会产生游憩行为的"限制因素"，对主体的行为体验进行干预。"限制"与"动机"共同对游憩行为产生影响，构成游憩行为的因果机制。因此，从游憩行为的事件发生过程分析，可以将其因果机制进行"产生动机"与"限制因素"两个层面的理论演绎。

1. 产生动机

从健康层面的游憩动机大致可分为两大维度[283]：一种是代表远离城市生活贴近自然的放松与闲适游憩，主要在于接触自然空间的机会，感受身体压力在自然生态环境得以缓释的过程[284]；另一种是对生活情绪释放的身心愉悦，这是一种从城市高度紧张的快节奏生活中解放出来的生活方式，主要在于精神层次的体验与心理健康得到改善[285]。也有学者将远离、社交增强、提高自我、共赢作为四个游憩行为的主要动机，前两者是过程驱动，而后两者是结果驱动[286]（见图3-4）。因此，在游憩动机从行为本质上分为"体验型"和"结果型"的基础上，可以将这种游憩行为逻辑中的"动机"解释为产生行为的目的性，这种结果并不是现实描述产生的实际结果，而是对游憩结果的一种预期，它是源自个体经过客观的游憩结果而进行"自我意识"的加工的反馈。在这个过程中，游憩行为的动机体现了一种时间与空间在个体行为逻辑下的序列性。

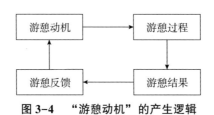

图3-4 "游憩动机"的产生逻辑

2. 限制因素

随着城市的发展，人们的户外游憩行为既受到城市结构变迁带来的影响，也受到城市游憩资源分布不均的限制性影响。因此，限制因素指的是对人们户外游憩产生的制约性条件，而非休闲制约理论。限制因素主要包括特殊群体条件的限制[287]、空间可达性限制[288]、设施功能限制[289]、个人游憩资源不足即资源供给差异所造成的限制等[290,291]。人们对城市高品质休闲生活的追求也对公共空间优化提出新的需求。人对空间接触的理性选择分别代表行为的主观与客观，而这种主客观在行为表达上的差异化也分别来自期望与接触机会各方面条件因素的制约。

从"城市人"理论来说，人们对空间接触是以理性聚居为基础，理性聚居的条件实际上也是人们对空间进行接触的主观选择条件，判断标准是以自身与空间进行接触的"自存/共存"平衡为基本原则。从价值判断依据来说，游憩行为的限制因素就是造成"自存/共存"在理性选择中的价值"上限"，这会对行为的结果评价产生主观方面的影响，从而造成主观游憩动机降低。人们对行为"自存/共存"的"上限"降低，实际上是一种双向的，包括"自存"自我满足与价值实现的低评价与对应"共存"与他人相处的低评价，形成低水平循环。该过程可视为客观条件对主观理性选择造成的反馈。

如图3-5所示，来自游憩行为的制约因素有个体制约因素、人际制约因素、结构制约因素三个方面，基于个体的社会性考虑，制约三因素从个体的"休闲偏好"到"游憩参与水平"逻辑产生过程中介入，并影响"游憩动机"[292]。因此，限制因素从某种程度上可以视作一种促成个体进行"游憩反馈"的客观因素。这也符合"城市人"理论中对于正向接触机会的产生过程，即人在接触空间过程中对空间条件上"自存"与"共存"各方限制性因素的考虑，充分地在"共存"依据的前提条件下，尽量使空间接触的"自存"得到最大限度地发挥，而"自存"的提高也使相应"共存"价值得到实现。

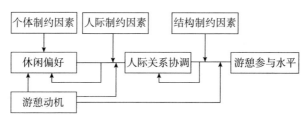

图3-5　游憩制约间的权衡机制

资料来源：张凌菲，徐煜辉，付而康，等．国内外城市绿地游憩制约研究进展与启示［J］．风景园林，2021，28（3）：62-68.

总体来说，游憩行为的因果机制形式是复杂多变的，根据不同行为主体所接触的客观事物的差异性，其表现形式也具有多样性。但从结构上分析，游憩因果关系是具有一定客观规律的逻辑关系。通过剥离"机会"与

"限制"具象化要素得到的抽象结构，可反映出游憩行为从主客观双方统一作用的因果关系，这也为游憩行为的新理论提供了构建依据。

第二节　游憩行为理论结构假设分析

根据演绎法，将"城市人"理论对游憩行为的要素结构进行演绎，得到游憩行为对应"城市人"理论结构的一元结构、二元结构、三元结构、四元结构，作为游憩行为理论假设的条件依据。

一、假设条件分析

1. 一元结构

根据"城市人"理论，城市人对空间产生接触期望的前提是对空间的功能性产生一定"价值"的认知，这种价值建立在一定普世性的基础之上，是"与人共存"和"自我保存"平衡性关系的体现。游憩行为则是以游憩功能作为这种平衡性关系的满足，也就是构建"需求—功能—满足"的逻辑关系。在此基础上，游憩行为的"普世性价值"可演绎为行为主体的"目的"。因此，从一元结构来说，游憩行为的现象是为了达成"目的"，而游憩行为的意义是为了满足需求背后对应的"价值"，即构成"价值认知—关系平衡—需求目的"的逻辑路径。

2. 二元结构

从"城市人"理论"与人共存"和"自我保存"的二元性来说，"城市人"理论方法可以按照"以生产与分配的效率来衡量"与"以自存和共存的平衡关系来衡量"的观点分为参与者与决策者，分别表示"城市人"需求与匹配"城市人"需求的管理容量，协调双方的平衡关系是"城市人"理论关注的重点。但这是基于实施规划与制定土地管理办法的方法依据，如果以游憩行为为视角，则可以按照游憩行为发生的时序性，将"以生产与分配的效率来衡量"与"以自存和共存的平衡来衡量"的追求演绎为"空间接触的期望"与"实际体验的感受"，以此来作为"城市人"理论空间接触二元结构关系上的递进。"生产与分配"可演绎为游憩行为参与者对空间接触的需求，"自存与共存"可演绎为游憩行为参与者对空间接触的认知。需求发生在认知之前，认知发生在行为之后，认知又可以反过来引导需求。

在该结构中，"空间接触的期望"体现出"以生产与分配的效率来衡量"在游憩参与者行为决策过程之前，反映出其对于城市空间参与体验的"动机"，而"实际体验的感受"对于"以自存和共存的平衡来衡量"则是一种游憩过程中和过程后的行为反馈，结合游憩行为过程之前发生的"空间接触的期望"体现出的是实际条件表达的"机会"。从研究对象的主体性来说，"以生产与分配的效率来衡量"与"以自存和共存的平衡来衡量"所体现的"动机"与"机会"二元结构关系，也正是参与者的"主观"与空间环境的"客观"的二元结构体现（见图3-6）。

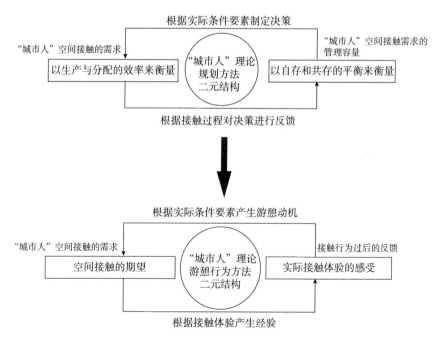

图3-6　"城市人"理论游憩行为方法二元结构假设的推论过程

3. 三元结构

从三元结构来说,"城市人"理论强调空间接触机会在"物性""群性""理性"三方面均衡的基础之上实现空间接触的优化。在该结构中,"物性"表达为空间接触的满意度,在实证研究中可以以幸福感、体验感、满足感等主观问卷方法体现,可以作为个人心理感知部分来表达;"群性"则是体现为居住空间的主体要素,在实证研究中多以地区人居空间规模、人居密度、人居异质性等人居要素来体现;"理性"表示为自存与共存下的平衡,国内一般实证研究会将该部分内容替换为"自存",多以设施服务半径、单位距离可达性、行为事件的效率等作为因子模型构建。

但是对于游憩行为来说,空间接触的目的与形式发生了改变,其空间接触的三元结构便具有了不同于"生活圈"范式结构的演绎。由于人在游憩行为中表现出的随机性,"群性"不再适合作为"聚居"的表达,而是以"游憩"行为本体的体验需求替代"聚居"的生活性需求,于是"群性"的概念理解应该是"与其他人一起进行游憩体验"或者"在空间接触的同时享受交往体验"。参与者在对空间的接触行为上体现出社会交往需求,即承认了游憩机会谱理论中"人际交往"需求的客观性。

以"在空间接触的同时得到交往体验"作为"群性"的依据也可以得到"理性"中对于"共存"的新的理解,即"与他人关系距离的主观认知"。个体对公共空间的行为引导建立在"人"的主观性与"环境"的客观性两方面,"环境"的客观要素在异化空间中具有一定的先在性,对"人"的主观性具有一定行为上的影响作用,但并不是行为解释的全部变量。因此,以"城市人"理论中的空间接触对游憩行为进行解析,可将其三元结构的"物性""群性""理性"理解为三个存在于相同空间结构中的不同层次的行为现象:"物性"体现的是"人与物的沟通","群性"体现的是"人际沟通","理性"则体现了"自我的沟通"。对于游憩行为来说,"城市人"理论的接触三元结构又可以分别从"人与物的沟通""人际沟通""自我的沟通"演绎为"物质空间的构成要素""社会空间的构成要素""个人心理感知"三个层次(见图3-7)。

4. 四元结构

从四元结构来看,"城市人"理论认为空间接触的主体要素主要分为

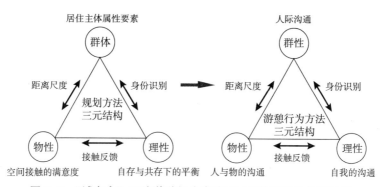

图 3-7　"城市人"理论游憩行为方法三元结构假设的推论过程

"人"（这里的人并不特指社会个体，还包括某个团体、企业、政府，根据行为主体的需求该层次的概念可以延伸至所有在事件参与过程中表达出自存与共存关系的参与或决策方）、"事"（主要是空间接触机会的事件本身描述，在规划实践中主要表现为通勤时间、上学或上班的步行距离等日常生活行为）、"时"（决策发生的时机）、"空"（决策事件关注的空间范围）四个层面。对于游憩行为来说，则可以表达为"人"——在自存与共存平衡基础上参与憩行为的个体（对应所有从事规划实践的决策主体）；"事"——游憩行为发生的事件本身，主要由游憩体验过程、游憩满足感来体现（对于规划实践来说，主要是解决个体通勤时间、上学上班问题与城市空间分配的矛盾，而对于研究游憩行为实践来说，主要是解决游憩体验感与环境要素相互协调的关系）；"时"——游憩行为机会（对于规划决策来说，"时"表达的是规划决策发生过程前后的时机特性；对于游憩行为来说，主体是参与游憩体验的个人，因此"时"表达的应该是以该结构主体部分行为需求的时机特性，故用游憩行为机会来表示）；"空"——游憩行为发生过程所接触到的空间载体，即城市公园。

但该结构中的游憩行为机会与上述游憩机会谱理论中的"游憩机会"在概念上并非等同关系：游憩机会谱理论的"游憩机会"特指人与空间环境通过一定机制耦合作用的结果，本质上是一种环境机制的呈现；而该结构中的"游憩行为机会"则是针对个体发生的"行为"而实施的决策，在逻辑上强调行为事件的主观性与主体性特征，本质上是一种行为逻辑。游憩行为所必须的城市通勤条件对于城市公园游憩行为也会产生一定程度的影响，甚至是较大程度的游憩偏好方面的影响，但是如果将"空"所表达的机制对应"城市人"理论中强调的接触机会所关注的空间范围来理解，那么交通通勤对于游憩行为只是一种影响要素，而非游憩行为本身的构成要素，因为"城市人"理论探讨的结构性是一种空间"在场"的现象。"人"与"事"因素主要表现了人在空间接触中的需求，"时"与"空"因素主要是应对"人""事"构成需求的空间条件与决策时机的供给（见图3-8）。

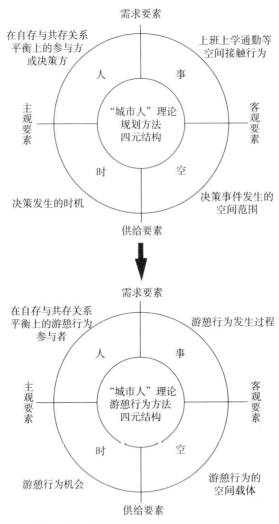

图3-8 "城市人"理论游憩行为方法四元结构假设的推论过程

5. 假设条件的分析与总结

综上所述，四种基于"城市人"理论结构分析得到的空间接触因果模型的结构假设，分别体现了"城市人"理论不同层面的结构逻辑：一元结构体现了"城市人"理论的底层逻辑，即城市人对城市的接触目的，从空间接触的核心观点诠释了人在城市空间中的价值实现，从某种程度上也承认了马斯洛价值需求体系的理论观点，是一种理论核心的价值主张；二元结构主要从城市人功能认知的主体性与客观性两个方面体现"城市人"理论的空间接触理论观点，该结构较为关注"客观"与"主观"在围绕行为事件过程中的辩证逻辑关系，同时也与游憩机会谱理论的"环境"与"人"的二元结构形成呼应；三元结构则充分强调了接触行为事件发生的时序性，较为关注完整事件发生的时空特性，同时对于物质、集体、自我的满足也更符合城市人丰富立体化的实际综合性需求，因此作为"城市人"理论方法结构，"三性"原则（"物性""群性""理性"）也经常出现于各种城市规划实证研究中；四元结构则表现出一种相对前三种结构更为复杂的行为动力机制，对于游憩行为来说，"时"与"事"在该结构中并不是同一要素的存在，而是将事件主体位置中的个体行为解析为"个体实际行为"与"个体机会感知"两个方面，更强调行动发生的机会把握与实际行为发生的因果关系，因此该结构从游憩行为参与的综合因素考虑来说，更具有实证研究的仿真价值。但是四元结构也并不是从三元结构中多出来一个维度的简单理解，作为分析城市空间接触行为的动力模型来说，四元结构表达出更为复杂的个体行为素描，对于个体在空间中的心理感知细节研究，也必将对其他学科知识体系产生交叉。

另外，在二元结构、三元结构中，均出现了"自存与共存的平衡"，且在结构中占据主要位置。在四元结构中，"自存与共存的平衡"虽然没有直接呈现，但在该结构中的"人"的概念主体性描述部分却也包含有"自存"与"共存"的内容。因此，"自存"与"共存"在因果关系构建中可以作为其理论逻辑结构的重要依据。"城市人"理论对于"自存"与"共存"重要性的反复强调也说明该理论遵从平衡性、适度性原则，侧重于发挥人地关系中人作为主体的决策作用，那么，对于同样是主体性决策作用占据主导意识的游憩行为来说，"城市人"理论的空间接触原则也同样适用。

二、游憩行为的"自存/共存"理论假设

在实际的空间接触过程中，人们"自我保存"一般会表现为对"自我"的权力、自由、平等、满足、保护等以"我"为中心的行为动机，充分行使自我在空间中的权力是人们美好生活的基本保证，也是以人为本的价值体现。对于这种价值的实现过程，以下主要通过两种模式来演绎：

（1）身处城市社会，人们在实现更高"自我保存"的理想过程中又必须以"与人共存"的方法来实现，这是社会分工导致的客观事实。从该结构来说，"自我保存"是行为个体的价值衡量标准，是产生价值的驱动；"与人共存"是行为个体的必需过程，是产生价值的行动。

（2）"与人共存"也可以是一种价值的驱动，即"不被淘汰与他人共享平等美好生活"。为了实现美好生活的平等性，"自我保存"（不断提升工作能力以求自我保存）在该结构中就变成一种产生价值的行动。因此，"自我保存"和"与人共存"在理性价值与行为过程构成的"驱动—行动"结构中，表达出主客体因果互相转换的二元性。

对于游憩资源来说，游憩资源空间分布的不平衡问题也存在于"自我保存"和"与人共存"的主客体因果二元性的转向。也就是说，"资源不平衡"究竟是来自"自我保存"（为了实现需求）的动机评价，还是对"与人共存"（为了实现平等）的结果评价。该问题存在两种命题解释：

（a）动机评价——这是因"人事时空"造成的差异化现象，主要表现于不同空间中"人事时空"结构要素对游憩的影响。

（b）结果评价——这是游憩资源需求与供给产生的结构问题，也就是资源匹配的依据，这源自对需求与供给的合理性分析。

若命题（a）成立，说明"人事时空"对"自我保存"和"与人共存"的内容权重体系产生影响；若命题（b）成立，说明"游憩资源分布不平衡"实际上是"游憩资源分布的不平均"。探索两个命题的真伪主要在于对游憩行为"人事时空"四维度的要素关系进行研究，这对于针对城市游憩资源提出规划与设计策略具有深刻的结构性指导作用。

三、游憩行为与"人事时空"的因果结构假设

"城市人"理论认为，在不同的"人事时空"状态下，不同类型的空间接触会产生"自存"与"共存"不同的价值表现。那么对于游憩行为来说，"人事时空"应当同样具有影响效果。由此，可以得出假设：游憩行为（空间接触）也会随着"人事时空"条件的变化而改变主体的反馈与评价（主体的反馈与评价直接说明了其行为的价值取向，即主体行为"自存"与"共存"价值的判定标准）。验证该假设是否成立的关键，就在于验证城市公园中的游憩行为是否也会受到"人事时空"条件影响。"人事时空"中的"事""时""空"可演绎为"空间要素"的客观结构，"人"与游憩行为则可通过"体验感知"的主观反馈作为影响结果，因此"人事时空"对于游憩行为的影响，也是"空间要素"对"体验感知"形成因果关系的理论模型依据。

若"空间要素"对"体验感知"无法构成因果相关性，则说明该假设不成立，即"人事时空"的条件差异对"自存"与"共存"的内容表现并不具备差异化，"自存"与"共存"构成的普世价值就是一个标准化的"公理"，而非理论方法的"理念"；若"空间要素"对"体验感知"构成因果相关性，则说明假设成立，即"人事时空"的条件差异导致不同类型"空间接触"产生的"自存"与"共存"表现也具有差异性。

第四章 | 空间格局研究与线上调查

以郑州市主城区（建成区）为研究范围，以城市公园为研究对象，通过 ArcGIS 10.8 软件对郑州城市公园数量、规模、分布情况进行统计分析，得到城市公园布局在不同区域形成的差异，通过问卷星 APP 进行线上问卷调查，根据游憩活动的种类偏好、公园类型偏好、游憩时间等指标，对人们"去环境化"的游憩行为主观评价与选择进行分析。

第一节　空间格局研究

一、划定研究界限

根据郑州城市路网结构，划定研究范围界限为最外圈的郑州四环结构以内，该范围主要包括金水区、管城区、二七区、中原区、惠济区五个行政区。对于郑州而言，随着城市的不断发展与扩张，城市边界和建设用地的推进可谓日新月异，但对于成熟的路网体系来说，郑州市域范围具有一定空间条件的通达便利性原则。尤其是对于本地人的出行和外地人的来访而言，建设成熟的城市路网体系影响了人们的行动效率与城市地区游憩观光的偏好程度。从城市空间资源与建设用地分布尺度来说，四环内外也存在明显的差异。市政规划界线体现了对于未来一段时间内城市建设容量与存量的考虑，其判断标准是城市对于新建用地的使用需求，并非以人的行为为参照标准。因此，按照环线结构划分城市市域范围比市政规划界线更具有研究针对性。

二、城市公园选取

按照以上分类标准与概念界定，选取郑州市区四环范围内的80个城市公园，除去8个在建公园、半封闭结构公园、未命名公园（截至2022年3月），保留其余72个城市公园作为研究对象，总面积3005.98hm²，依次按照将郑州市的东北、西北、西南、东南4个部分给城市公园编号1～72（见表4-1），分布状况如图4-1所示，单独形态如图4-2所示。

表4-1　郑州市72个城市公园编号以及公园规模

东北			西北			西南			东南		
编号	名称	面积（hm²）	编号	名称	面积（hm²）	编号	名称	面积（hm²）	编号	名称	面积（hm²）
1	龙湖公园组	797	20	大河广场	15.5	31	双秀公园	5.5	59	逸心公园	6.78
2	国家森林公园	297	21	碧园月湖公园	16.8	32	净秀公园	9.7	60	航海公园	6.22
3	郑州之林公园	28.87	22	绿荫公园	5.2	33	南环公园	24.67	61	赛提那勒广场	0.88
4	红白花公园	23.3	23	关虎屯游园	0.71	34	长平游园	1.05	62	经开中心广场	8.95
5	会展西游园	3.98	24	惠雅公园	3.15	35	嵩岳公园	9.75	63	五州公园	1.8
6	郑州湿地公园	5.78	25	学梓健康公园	1.2	36	长江公园	13.1	64	安彩公园	0.96
7	沁香园	2.16	26	文化公园	6.17	37	绿城公园	8.67	65	云祥园	13.7
8	东风渠滨河公园	138.7	27	绿谷公园	33.78	38	街心游园	1.72	66	熊耳河游园	0.08
9	文博广场	2.8	28	锦和公园	36.4	39	七彩公园	0.97	67	郑新公园	7.47
10	七里河公园	24	29	莲花公园	8.23	40	绿城广场	9	68	西吴河科普公园	4.44

	东北			西北			西南			东南	
11	市民体育公园	17.3	30	雕塑公园	37.47	41	人民广场	2.32	69	同乐广场	3.84
12	高铁公园组	333.34				42	商城公园	0.3	70	福塔广场	9.84
13	龙子湖公园组	263				43	管城区委公园	0.21	71	蝶湖公园	103
14	龙湖东运河公园	51.3				44	郑园	0.37	72	福塔滨河公园	34.52
15	紫荆山公园	19.2				45	正兴游园	0.55			
16	龙湖外环公园	20.45				46	大学南路游园	2.88			
17	祭伯城遗址公园	6.82				47	西流湖公园组	323			
18	西运河公园	5.28				48	法治公园	3.28			
19	消防文化主题公园	7.57				49	商都国家考古遗址公园	40.11			
						50	二七公园	2.79			
						51	郑州植物园	57.46			
						52	碧沙岗公园	26.67			
						53	西秀园	0.82			
						54	儿童公园	5.39			
						55	人民公园	30.14			
						56	月季公园	7.12			
						57	五一公园	5			
						58	序园	8.5			
	合计	2037.85		合计	164.61		合计	601.04		合计	202.48

资料来源：笔者根据不同地图软件、GIS、CAD 等测量后绘制。

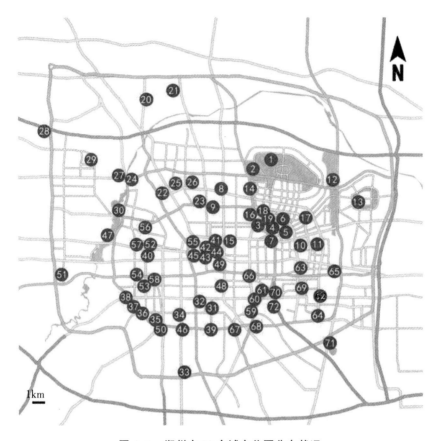

图 4-1　郑州市 72 个城市公园分布状况

三、城市公园分类

根据选取的范围对城市公园进行分类，为进一步的研究对象分析提供依据。

1. 分类依据

现有研究认为，绿地分类原则应体现城乡统筹思想、多规合一理念，并符合以人为本的发展价值与坚持文化保护[293]。根据城市发展需求，城市绿地分类也具有了新的参考依据，其中也包括城市公园分类[294]。针对

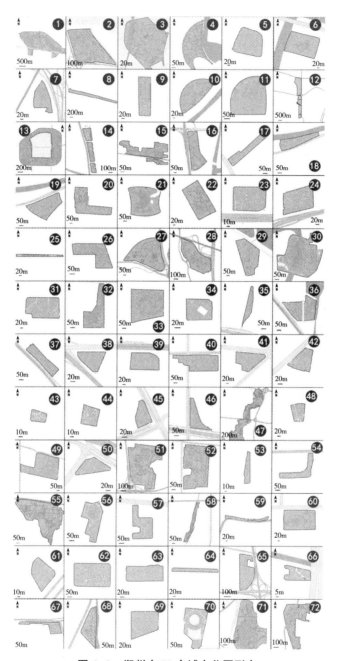

图 4-2 郑州市 72 个城市公园形态

资料来源：笔者根据地图软件绘制。

城市公园的游憩行为来说，研究目的、方向、侧重点均与城市绿地空间不同，其性质也有所不同[295]。因此城市绿地分类和公园分类逻辑对于游憩行为的城市公园分类虽具有一定参考性，但并不能完全适配[296]，还需要根据城市公园游憩行为的主客体特征，对城市公园进行再分类。

2. 分类标准

参考《城市绿地分类标准》（CJJ/T 85-2022）对郑州市 72 个城市公园进行分类，按公园的内容、服务半径、大小规模等可分为大型绿地公园、社区型公园、街心公园、城市广场、城市景观步行道五个类型（见表 4-2）。五种类型的自然资源依赖性与社会资源依赖性产生了较为明显的差异，根据这种差异可以发现郑州三环外层的城市公园自然资源较好、三环内部的城市公园普遍社会资源较好的分布特点。由于 72 个城市公园并非处于同一时期的城市建设，可以看出新旧公园在时空分布规律上是不断向城市四周蔓延的，这也与城市发展为了满足不断扩张的城市化需求相一致。

表 4-2　郑州市 72 个城市公园分类说明

城市公园类型	类型基本描述	公园基质	自然资源需求性	社会资源需求性	公园编号
大型绿地公园	占地面积最大的城市公园类型，拥有大规模城市绿地，基础设施相对较为完善，绿地资源最为丰富，拥有湖泊、湿地、森林、沙滩等地形结构，是城市自然生态涵养的主要体现	大型绿地	强	弱	1、2、12、13、14、16、27、47、51、65、68、71、72
社区型公园	周边毗邻生活区与流量较大的街道系统，健身设施相对丰富完善，拥有较强的社区邻里氛围，常表现于人流密度较大、活动种类较为丰富的中人型绿地公园	公园	中	强	15、22、26、52、55

续表

城市公园类型	类型基本描述	公园基质	自然资源需求性	社会资源需求性	公园编号
街心公园	依附公路网格结构的街边公园，介于社区与普通街道之间，也是城市绿色廊道构成的一部分，常见于公路网格密集区，主要强调街区和地方文化，也包括一些历史名园、主题公园等类型	公园	中	中	4、6、7、11、17、18、19、23、24、28、30、32、33、36、38、40、42、43、44、45、46、50、53、54、56、57、60、61、66、67
城市广场	强调社会交往与社会公共活动的城市开放空间，严格意义上来说并不算真正具有空间围合性的园子，多以广场、空地等开敞化的城市公共活动区域为主	广场	弱	强	3、5、9、10、20、21、29、31、34、39、41、48、49、62、63、69、70
城市景观步行道	依附于城市路网或滨河绿地的绿色景观步行系统，形态呈条状，也属于城市慢行系统，可观赏性强于一般的步行道	人行道	中	弱	8、25、35、37、58、59、64

3. 分类原则

"城市人"理论认为，城市人"通过理性聚居选择对空间进行接触"，这种"理性"接触的实质体现于接触过程的"群性""物性"以及人的"理性"。对于游憩行为而言，一般非自然资源的物质接触不一定需要通过游憩行为来进行接触，故"物性"可演绎为"自然资源"；"群性"则是人与人之间构成的社会资源，这也是"聚居"体现出的人的社会性原则。在游憩行为的城市公园中，游憩主体根据"接触"的"理性选择"，对"自然资源"和"社会资源"产生城市公园相应类型的需求。因此，可以将"自然资源"和"社会资源"的需求作为游憩行为的城市公园分类原则。

4. 城市公园分类

城市公园的分类方式基于其本身特有的地形基质，依据其分别在城市社会中表现出不同程度的社会资源与自然资源要素。

四、城市公园与游憩资源的空间分布格局

郑州城市公园的空间分布与交通网格的关系密不可分，因此研究采用城市公园与交通网格的空间分布格局方式显示 72 个城市公园的具体城市空间关系。通过遥感影像 Earth Observing System（EOS）的 LandViewer（http：//eos. com/landviewer/）获取地理信息数据，通过 ENVI 与 ArcGIS 10.8 软件对 DEM 数据的栅格化处理，对图像数据进行合成，并将 72 个城市公园的空间形态进行描绘（见图 4-3）。

图 4-3　郑州城市公园在路网结构中的分布状况

从图 4-3 可以看出，郑州城市公园与绿地的空间分布格局与道路交通网格、水系网格、城市环状空间关系密切。72 个城市公园以郑州市花园路

（紫荆山路）为中线分为东、西两个部分，多数集中在东北部，主要包括 1 号、2 号公园等；西部公园表现较为零碎化，主要包括 47 号、30 号、52 号公园等；中部主要分布在金水路、未来路、陇海快速路周边区域，主要包括 55 号、15 号、49 号公园等。

五、城市公园分布的区际差异

城市公园的游憩行为归根结底是主体的空间接触行为，与人口密度息息相关。郑州市现有城市空间格局划分的人口数量统计（第七次全国人口普查）是按照区级行政规划分布，因此研究采用现有金水区、中原区、惠济区、二七区、管城区五大区的行政区级差异来说明城市公园空间格局分布与人口密度的关系。

根据 72 个城市公园在金水区、中原区、惠济区、二七区、管城区的分布情况，进行空间分布格局差异化分析，主要研究方法包括规模差异对比、平均最邻近距离、核密度分析、标准差椭圆。研究表明，城市公园在市区分布中的区际差异主要体现为数量差异和规模差异两个方面：

1. 城市公园的区际数量差异

根据 72 个城市公园的区际统计数量来看（见图 4-4），金水区>管城区>中原区>二七区>惠济区，金水区城市公园数量最多，为 24 个，惠济区的城市公园数量最少，为 3 个。在五个区域中，五种类型的城市公园分布也具有较大差异，金水区城市公园无论是数量还是其单独一个类型的城市公园在所有区域中都是最多的。除惠济区外，街心公园在其他四个区域中分布较为均衡。总体而言，城市公园在区际分布数量的总数与分类数量上存在较大差异。

2. 城市公园的区际规模差异

除了数量差异，72 个公园面积（hm²）统计结果显示其规模也在区际呈现较大差异（见图 4-5），其大小顺序关系为：金水区>中原区>管城区>二七区>惠济区。差异主要表现在五个区域中的大型绿地城市公园，该类型城市公园占地面积最大，占所有类型城市公园面积总和的 78.74%。该类型公园往往具有相对广阔的规模尺度，为城市自然生态格局提供了重要

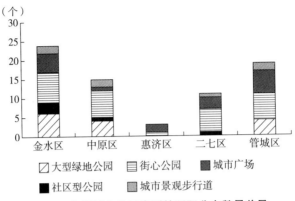

图 4-4　郑州城市公园类型的区际分布数量差异

的保持作用，但也是城区范围内绿地生态资源分布差异的主要表现。通过规模统计可知，金水区大型绿地公园的面积为 1762.09hm²，占所有城市公园规模总和的 57.38%，金水区城市公园的面积为 2089.12hm²，超过了其他四个区域的城市公园面积总和（916.86hm²），说明郑州城市公园区际规模分布极为不均。

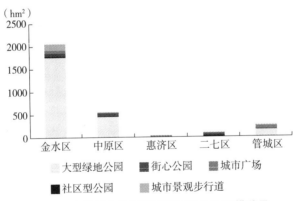

图 4-5　郑州城市公园类型的区际分布规模差异

根据郑州市城市地理结构，城市公园在空间分布尺度上也存在较大差异。大型绿地公园绿地多分布于郑州市三环附近的城市东西部周边地区，这与市中心区域的小而密集的老旧城市公园形成鲜明对比，三环附近的大型绿地公园较多存在于大型的城市郊野绿地基础之上，它们所处位置的城市道路网格在空间分布上也具有延伸幅度广阔但空间分布稀疏的特点。从城市整体规划格局来看，郑州市的三环、四环城市空间结构实际上是一种时空尺度放大化了的城中心结构，严格按照交通规划分布的城市公园亦是同样的空间分布特性。

3. 人口密度与城市公园占有情况的区际差异

研究选择采用 WordPop 发布的世界人口密度地图 2020 年居住区数据，该数据是目前精度最高、最可靠的长时间序列数据。根据郑州市常住人口数据导入 ArcGIS 10.8 软件进行插值分析，在研究区域中得到城市空间可视化人口密度（见图 4-6）。

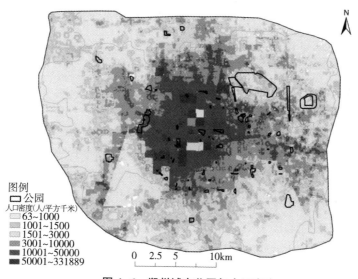

图 4-6 郑州城市公园与人口密度

根据图 4-6 可知，郑州市人口密度呈中心区域到四周逐渐递减，但总体城市公园的规模与其周边服务的人口密度却不成正比关系。在人口密度较低的西北、西南、东南、东北四个方向的人口稀少地区，只有东北方向的城市公园数量较多、规模较大，拥有龙湖公园组、高铁公园组、郑州森林公园、龙子湖公园组四个超大型绿地公园，但其周边服务的人口规模却并不庞大，与其他城市空间区域相比形成较大差异，城市公园资源的人均占有量达到 12.9hm²，为所有区域最高；仅次于金水区的是管城区，达到

6.03hm^2；最低为二七区的 0.5hm^2（见表 4-3）。由此可得出人均城市公园从高到低的区际差异排序：金水区>中原区>管城区>惠济区>二七区。

表 4-3 郑州城市公园的区际人均规模差异

行政区	常住人口（万）	城市公园总规模（hm^2）	人均占有规模（m^2/人）
金水区	161.86	2089.12	12.90
管城区	82.19	245.79	3.00
中原区	96.53	582.33	6.03
二七区	106.32	53.15	0.50
惠济区	55.95	35.45	0.63

六、城市公园空间分布格局特征

1. 城市公园空间分布的集聚特征

通过 ArcGIS 10.8 软件，根据 72 个城市公园的质心点位进行空间分布的模式分析，得到郑州城市公园平均观测距离、预期平均观测距离、最邻近比率、样本点密度、样本点量五个指标的测量结果。由表 4-4 可知，五种城市公园类型在空间分布中的最邻近比率均大于 1，说明五种类型城市公园呈均匀分布，其中社区型公园密度最低，为 0.0046，街心公园的密度最高，为 0.0201。从类型分布的整体情况来看，五种类型的城市公园空间分布集聚特征排序为：街心公园>城市广场>大型绿地公园>城市景观步行道>社区型公园。

表 4-4 郑州城市公园集聚分布特征

公园类型	平均观测距离（m）	预期平均观测距离（m）	最邻近比率	样本点密度（个/km^2）	样本点量（个）
城市广场	2151.1318	1875.6330	1.1469	0.0155	17
城市景观步行道	3257.0468	2322.1259	1.4026	0.0064	7
大型绿地公园	3354.1826	2392.3375	1.4021	0.0119	13

公园类型	平均观测 距离（m）	预期平均观 测距离（m）	最邻近 比率	样本点密度 （个/km²）	样本点量 （个）
街心公园	1718.4627	1665.0518	1.0321	0.0201	22
社区型公园	2527.0367	1181.6782	2.1385	0.0046	5
所有公园	1229.3962	1376.8998	0.8929	0.0657	72

2. 城市公园空间分布的结构形态

通过 ArcGIS 10.8 软件的核密度分析，得到郑州市 72 个城市公园的核密度分布图。根据图 4-7 可知，郑州城市公园空间分布的"热点"表现为三个层次的"圈状"结构：第一层以郑园质心（113°41′E，34°45′N）为圆心（55 号、15 号、49 号、42 号、44 号）；第二层核密度结构相对较为松散，主要以 CBD 公园组（4 号、5 号、19 号、6 号等）、金水河西三环公园组（37 号、36 号、28 号等）、中原福塔公园组（72 号、60 号、70 号等）分别构成东北、西南、东南三个方向的圈状结构，其主要交通依附依次为中州大道至农业路、金水河至南三环、航海东路至中州大道三个路段区间；核密度的第三层"圈状"结构的点位较为分散，主要以 47 号、1 号、12 号构成西北部、北部、东部三个方向的公园组团结构，其交通依附分别为西三环、北三环、东三环。

从空间分布的方向排序来看，三个"圈状"核密度结构从各个空间方位上达到了城市公园的平均状态分布。其中，核密度的第一层"圈状"结构与第二层"圈状"结构的东北部（CBD 公园组）距离最近，与西南、东南的公园组距离较远。第一层"圈状"区域与第三"圈状"区域的北龙湖公园组距离也很近。虽然西南部的核密度结构也呈现出较高的区域热点，但其公园规模较小，类型较为单一。总体来看，郑州城市公园分布"热点"资源还是较集中于郑州东北部，西北部城市公园资源相对最为贫瘠。因此，根据核密度反映的城市公园空间分布资源"热点"可进行城市区域的排位：东北部>西南部>东南部>西北部。区际的排序为：金水区>管城区>二七区>中原区>惠济区。总体来说，郑州城市公园的区际空间分布差异较大，分布结构有待进一步优化。

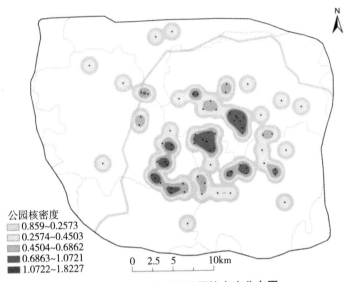

图4-7 郑州城市公园核密度分布图

3. 城市公园空间分布的偏离特征

　　为了进一步探究郑州各类型城市公园空间分布趋势以及离散程度，通过 ArcGIS 10.8 软件对城市公园的重心分布进行分析。根据图 4-8 可知，以郑州城市中心二七广场（113°40′E，34°46′N）为参照标准，72 个城市公园的总体重心坐标与城中心基本保持一致，而在五个类型城市公园的重心分布中，整体表现较为偏向城市的东部是分布的总体趋势，五个类型的重心分布于所有公园（113°40′E，34°45′N）、社区型公园（113°40′E，34°47′N）、大型绿地公园（113°42′E，34°46′N）构成的三角形区域中。这说明郑州城市公园的资源主要集中于金水区，从分布趋势与偏离特征来看，城市公园的资源偏向性可排序为：金水区>管城区>二七区>中原区>惠济区。其中，偏移程度最大的是社区型公园，沿 X 轴标准差与沿 Y 轴标准差分别达到 2.63km 和 3.47km；偏移程度最小的是街心公园，说明该类型公园在城市空间结构中的分布较为平均。此外，大型绿地公园表现出明显的东部偏向性，说明大型绿地公园的资源量较集中于城市东部。

　　采用 ArcGIS 10.8 软件的标准差椭圆分析，得到各类型城市公园的转角度数、偏转方向以及沿 X 与 Y 轴标准差等相关数据。根据表 4-5 可知，

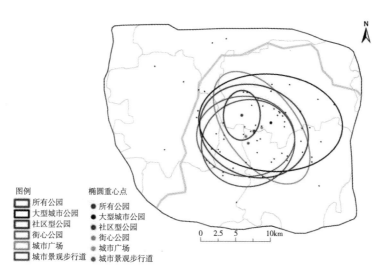

图例　　　　　椭圆重心点
▢ 所有公园　　● 所有公园
▢ 大型城市公园　● 大型城市公园
▢ 社区型公园　　● 社区型公园
▢ 街心公园　　　● 街心公园
▢ 城市广场　　　● 城市广场
▢ 城市景观步行道 ● 城市景观步行道

0　2.5　5　　10km

图 4-8　郑州各类型城市公园平均中心和标准差椭圆

郑州城市公园的分布大致呈现"西北—东南"的偏转方向。其中，城市广场的偏转角度最大，达到 141.6015°；而社区型公园和城市景观步行道则体现出"东北—西南"的偏转方向。五种类型城市公园与所有公园沿主轴、辅轴标准差的比率均大于 1，说明相对于正圆形态来说，标准差椭圆受到了一定程度的挤压，各类城市公园存在不同方向的集聚程度。"西北—东南"与"东北—西南"是两个较为明显的集聚趋势。其中，城市广场与大型绿地公园的比率均大于 1.5，集聚的方向性最为明显；城市景观步行道的比率为 1.108，接近正圆形，说明集聚的方向性最不明显，该类型城市公园空间离散程度较大。

表 4-5　各类城市公园重心坐标与偏离坐标

公园类型	重心坐标	转角度数	旋转方向	沿 X 轴标准差（km）	沿 Y 轴标准差（km）	沿主轴、辅轴标准差的比率
社区型公园	113°40′E，34°47′N	1.8479°	东北—西南	2.63	3.47	1.319

公园类型	重心坐标	转角度数	旋转方向	沿 X 轴标准差（km）	沿 Y 轴标准差（km）	沿主轴、辅轴标准差的比率
街心公园	113°40′E，34°45′N	93.2987°	西北—东南	7.04	5.61	1.255
大型绿地公园	113°42′E，34°46′N	94.434°	西北—东南	10.35	6.81	1.520
城市景观步行道	113°40′E，34°44′N	77.6995°	东北—西南	6.07	6.73	1.108
城市广场	113°41′E，34°46′N	141.6015°	西北—东南	9.21	5.02	1.836
所有公园	113°40′E，34°45′N	107.6259°	西北—东南	7.91	6.40	1.236

七、城市公园游憩资源点分布格局

1. 分类依据

在游憩空间资源类型的研究中，汤晓敏（2019）、方家和吴承熙（2017）的研究年份较新，更适用于当前城市研究需求。因此笔者参考汤晓敏在城市公园游憩空间评价与更新研究中对游憩资源点的类型划分[297]，以及方家和吴承熙对城市开放空间规划研究中的资源类型分类[298]，并充分结合郑州城市公园实际游憩资源点名称，将研究中的游憩资源点分为体育活动、健身活动、便利服务、配套设施、游览观光、娱乐休闲六个类型。

2. 数据来源

兴趣点信息采集（Point of Interest，POI）是目前普遍应用于城市空间研究中的一种信息技术方法，是一种广泛应用于地理空间信息可视化分析的综合技术方法。使用 Python 爬虫程序通过高德地图、百度地图开放平台对六个类型的空间资源进行数据采集（见表 4-6），通过开源地图可视化对数据进行纠错、筛查、去重、补充等处理，得到 72 个城市公园中的 1277 个资源点。再通过 ArcGIS 10.8 软件对 1277 个资源点进行投影与坐标转换，建立郑州城市公园空间资源数据库。

表4-6　POI 信息采集的空间资源点分类

资源类型	分类名称
体育运动	体育场、运动场、跑道、乒乓球、球场、滑板池、卡丁车、篮球场、足球场、网球场、溜冰场
健身活动	健身器材、健身房、健身设施、健身步道、健身器械、健身场地
便利服务	生活服务、商铺、商店、便利店、自动售卖机、贩卖机、无人售货屋
配套设施	厕所、停车场、洗手间、盥洗室、盥洗池、洗手池、母婴室
游览观光	旅游景区、风景区、雕塑、码头、休息区、园艺、名胜古迹、寺庙、栈道、凉亭、亭、榭、水榭、廊
娱乐休闲	广场、儿童乐园、游乐场、剧场、浴场、书舍、休闲区、沙滩、廊、休息区、书斋、书吧

3. 城市公园游憩资源点分布

根据 POI 对六类城市公园游憩资源点的信息采集可知（见图4-9），郑州市四环以内的 72 个城市公园 1277 个空间游憩资源主要集中于 55 号、15 号、47 号、1 号、CBD 公园组（3、4、5、6）、52 号几个公园，呈东西方向与市中心向四周蔓延方式分布。从行政区划来看，金水区的游憩资源占有量最多，惠济区的资源占有量最少。

根据六种类型空间游憩资源点的分布情况可知，六种类型的空间游憩资源点虽然均位于 72 座城市公园内，但是类型分布的差异较为明显。根据资源点数量统计，游览观光类数量最多，为 559 个；体育运动类数量最少，仅为 56 个（见表4-7）。已知 72 座城市公园的规模总和为 3005.98hm²，因此估算出每种类型资源点的平均服务覆盖面积：平均每个游览观光类资源点服务覆盖范围为 5.38hm²、便利服务类资源点为 11.13hm²、配套设施类资源点为 16.43hm²、休闲服务类资源点为 24.64hm²、健身活动类资源

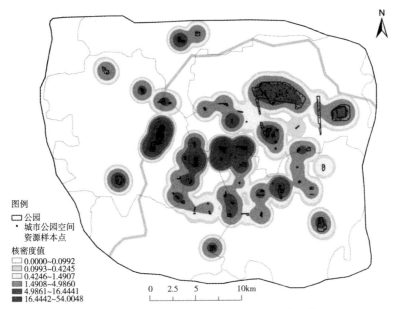

图例
▢ 公园
· 城市公园空间
资源样本点

核密度值
▢ 0.0000~0.0992
▨ 0.0993~0.4245
▨ 0.4246~1.4907
▨ 1.4908~4.9860
▨ 4.9861~16.4441
■ 16.4442~54.0048

0　2.5　5　　10km

图 4-9　72 个城市公园中的空间游憩资源点

点为 34.55hm²、体育运动类资源点为 53.68hm²。从资源点的分布情况来看，游览观光类资源点密度最大，为 0.6095 个/km²，平均水平最好；体育运动类资源点密度最小，为 0.0611 个/km²，仅为游览观光类资源点的 1/10 左右，平均水平较差；健身活动类资源点为 0.0949 个/km²，表现也不容乐观。总体资源点表现质量由高到低可排序为：游览观光类>便利服务类>配套设施类>娱乐休闲类>健身活动类>体育运动类。

表 4-7　城市公园六类游憩资源点的平均最邻近距离分析

公园类型	平均观测距离（m）	预期平均观测距离（m）	最邻近比率	样本点密度（个/km²）	样本点量（个）
娱乐休闲类	347.5327	1046.7662	0.3320	0.1330	122
健身活动类	770.7052	1252.4363	0.6154	0.0949	87
体育运动类	564.2658	1269.8202	0.4444	0.0611	56
游览观光类	138.1881	508.0464	0.2720	0.6095	559
配套设施类	273.0231	847.7122	0.3221	0.1995	183

续表

公园类型	平均观测距离（m）	预期平均观测距离（m）	最邻近比率	样本点密度（个/km²）	样本点量（个）
便利服务类	101.3678	584.7547	0.1734	0.2944	270
城市公园空间资源样本点	55.5004	340.8663	0.1628	1.3923	1277

4. 资源点分布的平衡性分析

郑州城市公园"游憩资源分布不平衡"现象主要包括"游憩资源与人口规模分布的不平衡""游憩资源质量与服务供给不平衡"两个方面的问题。通过 POI 资源点数据分析可知，郑州市四环以内的城市公园空间资源点类型在空间分布上差异较大，健身活动类资源虽然数量较少，但在城市公园的空间分布中较为均衡，基本上每一个城市公园都有公共健身器材、健身塑胶步道等资源；游览观光类资源最为丰富，这是郑州当前城市公园主要建设成果；配套设施类、娱乐休闲类虽然数量上相对稀少，但在城市空间游憩资源分布的不平衡表现中并不明显；体育运动类、便利服务类在空间平衡性方面表现较差（见图 4-10）。

八、空间分布格局特征评价

根据上述分析结果得出 72 个城市公园及其游憩资源点的总体评价如下：

（1）从城市公园分布的规模来看，城市公园在郑州市区内的区际分布差异较大，造成了地区资源匹配的不合理现象。

（2）从人口密度分布来看，城市公园资源多集中于郑州东部地区，尤其是金水区的郑东新区，与中原区、管城区、二七区、惠济区的老城区人口密度分布形成较大差异，呈现出人均资源匹配的不合理状态。

（3）从交通分布来看，城市公园多依赖于城市环状路线分布，因此建成年份较近的东部地区在资源配比与发展空间上具有更大优势。

（4）在公园游憩资源中，游览观光类资源最为丰富，体育运动类、便利服务类资源在空间平衡性方面表现最差，数量也最少。

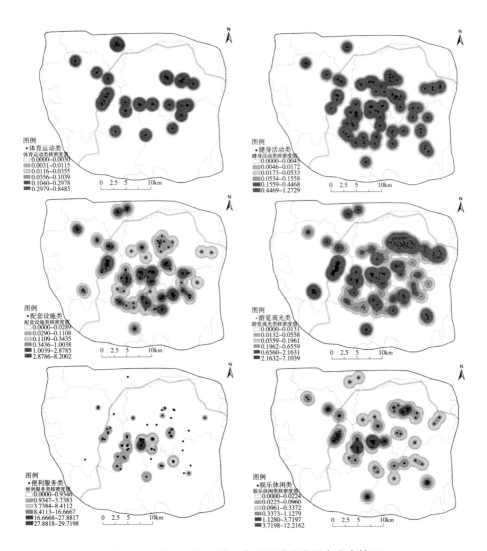

图 4-10 城市公园中的六类空间游憩资源点分布情况

注：左上中下分别为体育运动类、配套设施类、便利服务类；右上中下分别为健身活动类、游览观光类、娱乐休闲类。

第二节　线上调查

相比直接进入环境内部进行复杂的个体游憩行为分析研究。对于游憩行为研究来说，在线问卷调查能够去除环境影响因素，得到个体最真实的行为偏好。每个城市公园的内部空间环境各有不同，不同的场所条件对于个体所产生的游憩行为选择也会带来不同程度的影响，因此先抛开环境对人产生的影响，才能更加准确地抓住人们对空间的接触期望。

为了进一步研究城市公园游憩行为各要素之间的变量关系，笔者分别对"经常去的公园类型""最喜欢的公园类型""经常去公园的时间""您最喜爱的公园游憩场所""去公园经常使用的交通工具""在公园内一次游玩的时间""您最喜爱的公园游憩活动""受访者年龄段"八个公园游憩相关问题进行线上问卷调查，使用平台为问卷星 APP，问卷链接为 https：//www. wix. cn/vm/Ppjwwij. aspx。线上调查时间为 2021 年 12 月 17 日 19：09：41 至 19 日 14：08：45，共收集 5008 份样本数据。其中，在 22 岁及以下、22～30 岁、31～45 岁、46～60 岁、60 岁及以上五个数据样本年龄层分布中，31～45 岁和 22～30 岁两个区间占比最高，分别为 37.20% 和 35.22%（见图 4-11），60 岁及以上最低，仅为 1%（50 人）。

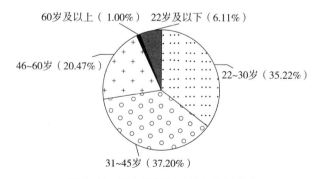

图 4-11　线上问卷调查的年龄层分布

资料来源：https：//www. wix. cn/vm/Ppjwwij. aspx，问卷星 APP。

一、游憩活动类型偏好性调查

1. 游憩活动类型偏好性调查结果

在问题"您最喜爱的公园游憩活动种类"调查中，通过对散步、聊天等17个公园常见活动种类进行从1~5分的喜爱度打分，获得17个公园常见活动种类的喜好分值图（见图4-12）。如图4-15所示，在最高分值5分即喜爱程度最高一栏中，室外书法获得最高选择比值，为32.57%，其次是摄影的30.73%，其他活动种类均为30%以下，最低为25.86%的跳舞也与最高的室外书法相差也没有超过10%；在最低分值1分即喜爱程度最低选项中，室外书法为最高，达到15.38%，最低是跳绳，为13.2%。从数据统计的平均数值来看，跳舞获得最低分（3.4分），摄影获得最高分（3.5分），17个公园常见活动种类的喜好度均为3.4~3.5分，属于中等偏上，对17个活动种类的喜好程度差异并不大（见图4-12）。

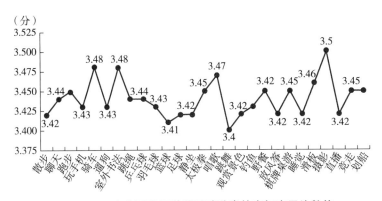

图4-12　17个公园常见游憩活动种类的喜好度平均数值

资料来源：https://www.wjx.cn/vm/Ppjwwij.aspx，问卷星APP。

2. 游憩活动类型偏好性调查结果

由图4-13可知，人们普遍对异质性较高、丰富多彩、文化多元的公共空间环境有强烈需求，这就要求公园的环境内容尽可能地满足多种活动需求，不断丰富可实现的活动种类。公园常见活动种类的喜好程度与实际公园中常见活动种类的发生频次不同，如散步、跑步、玩手机、聊天等

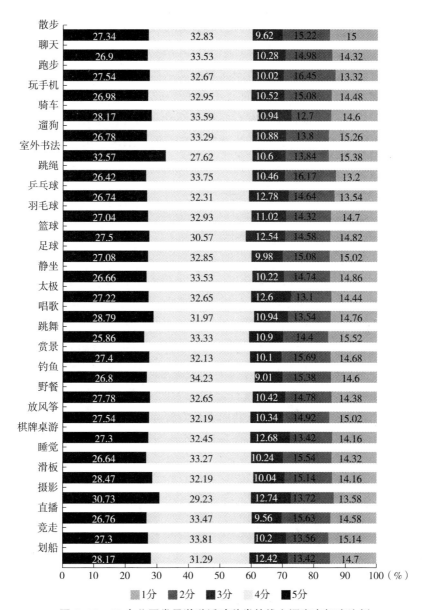

图 4-13 17 个公园常见游憩活动种类的线上调查喜好度比例

资料来源：https：//www.wix.cn/vm/Ppjwwij.aspx，问卷星 APP。

发生频次较高的活动，并没有因为其最常见而获得最高喜好度的比例
结果。

此外，人们对户外运动游憩行为的喜好程度表现均等，这也说明人们实际上在针对一个单纯去除环境影响的户外活动方式来说，偏好性的印象是几乎没有差异的，在公园场所中表现出活动种类数量上的差异，只是说明其空间内容让"在场"的人们"不得不"进行符合场所环境的活动行为，这说明人在选择接触空间对空间行为活动具有主观能动性的同时，空间场所的具体内容也对个体的行为选择具有引导与限制作用。

二、公园类型偏好性调查

1. 公园类型偏好性调查结果

如图 4-14 所示，在"经常去的公园类型"的调查结果中，最高项为社区型公园、广场，达到 26.00%，其次是街心公园 24.62%、城市广场 23.00%、大型绿地公园 18.53%、城市景观步行道 7.85%，从该比例结构中可以看出，城市景观步行道的比例明显低于其他各项，仅作为公共空间的空间连通设施而言，城市景观步行道并不是人们外出游憩的主要目的地选择。同时城市景观步行道在五项中也是游憩行为承载能力最弱的一项，这说明在游憩行为发生的整个过程之前，人们对于游憩目的性较为重视，对游憩产生的结果期望与空间承载能力具有较强的一致性。

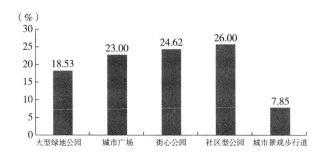

图 4-14　经常去的公园类型的比例

资料来源：https://www.wix.cn/vm/Ppjwwij.aspx，问卷星 APP。

如图 4-15 所示，在"最喜爱的公园类型"调查结果中，最高项为社区型公园，达到 39.98%，其次各项由高到低为城市景观步行道

（23.36%）、街心公园（22.62%）、城市广场（11.04%）、大型绿地公园（3.00%）。其中社区型公园、不仅是五个公园类型中"最喜爱的公园类型"中得分最高的，同时也是人们最经常去的公园类型，说明居住空间的日常可达性对于游憩行为具有一定的影响作用。

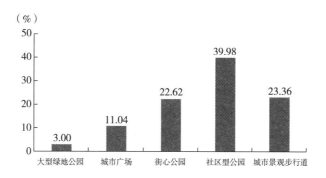

图 4-15　最喜爱的公园类型的比例

资料来源：https：//www.wix.cn/vm/Ppjwwij.aspx，问卷星 APP。

2. 公园类型偏好性调查分析

根据"经常去的公园类型"与"最喜爱的公园类型"两个问题在五个公园类型中的表达结果推理，可以得出分析结论：大型绿地公园、城市广场在游憩空间选择意向中属于"经常去但并不喜爱"的"负向型"，社区花园广场、绿化步行道则是属于"并不经常去但很向往"的"正向型"，街心公园则是两种类型皆不显著的一般类型。"负向型"和"正向型"两个完全不同的游憩反馈结果体现了人们对两种空间类型的"行为"与"期望"的较大差异。

在以上五个公园类型中，以广场、绿道、健身设施、休闲椅、树荫下五个选项构成问题"您最喜爱的公园游憩活动场所"。调查结果显示，健身设施所占比例最高达到 33.61%，其次是休闲椅 28.33%，而相对来说建设投入与管理维护成本较大的广场与绿道仅为 15.58% 和 12.34%（见图 4-16）。

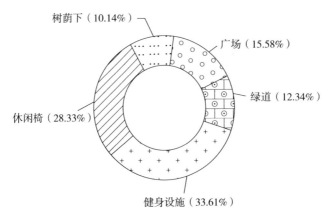

树荫下（10.14%）
广场（15.58%）
绿道（12.34%）
休闲椅（28.33%）
健身设施（33.61%）

图 4-16　最喜爱的公园游憩场所类型的比例

资料来源：https：//www. wix. cn/vm/Ppjwwij. aspx，问卷星 APP。

三、游憩交通方式与调查

1. 游憩交通方式调查结果

在问题"去公园经常使用的交通方式"中，步行、自行车、电动自行车、公交车、地铁、私家车六种交通工具分别以工作日、周末、节假日三个外出时间展开统计。在工作日中，自行车和电动自行车所占比例最高，分别达到了 28.99% 和 26.12%，此外公交车、地铁、私家车的占比也达到了 20% 以上，步行最低，仅为 10.28%；在周末，步行、自行车、电动自行车、公交车、地铁、私家车六种交通工具占比分别是 32.53%、45.75%、47.18%、46.27%、43.17%、33.61%，各项占比差距并不大；在节假日，步行占比最高，为 57.19%，其次是私家车的 45.12%（见图 4-17）。

2. 游憩交通方式调查分析

该问题的结果说明，在节假日，以步行为主要出行方式反映出居住空间周边游憩活动场所最受欢迎；在工作日由于工作时间安排较为紧凑，周边活动空间的使用率较低。除此之外，以私家车为主的交通方式则说明游憩活动的自由度较高，私家车代表了城市范围内最大活动的可能性，即便

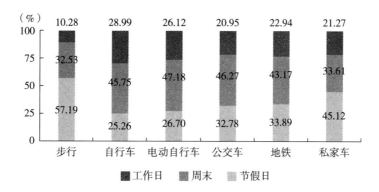

图 4-17　去公园经常使用的交通工具的比例

资料来源：https：//www.wix.cn/vm/Ppjwwij.aspx，问卷星 APP。

是点对点的网约车也说明了个体对游憩出行自主掌控度的强烈需求，即因多重因素形成的"不确定"外出选择结果，在节假日中，私家车的选择比例仅次于步行，即使是在步行占比最低的工作日私家车也有 21.27% 的选择比例（见图 4-17）。

四、游憩时间调查

1. 游憩时间的调查结果

在问题"经常去公园的时间"中，周末所占比例最高，其次是节假日，工作日最低（见图 4-18）。六个时间段中的"都可以"是表示受访者在早晨、上午、中午、下午、晚上五个时间段综合考虑下的自由安排时间段，周末占比最大说明闲暇自由时间最宽裕，其次是节假日，控制程度最低是工作日，符合基本判断。在节假日中，中午和上午的比例最高，达到 49.66% 和 49.10%，最低是晚上和下午，仅为 27.64% 和 27.60%；在周末，早晨、下午、晚上的比例最大，分别为 59.17%、49.56%、48.24%；在工作日，晚上和下午的选择比例最大，为 24.12% 和 22.84%。

2. 调查结果分析

从问题的结果分析，在工作日，人们基本晚上才有一些闲暇时间，除此之外，一天之内时间基本排满，早晨最为忙碌，获得公园游憩的选择比例也最低；在周末，人们对公园游憩活动的时间最多集中在早晨，说明人们普遍认为早晨是进行跑步锻炼、强身健体的最佳时机，没有工作日紧张忙碌的时间限制，早晨便成为获得人们较高认同的游憩时间段；在节假日的上午和中午，人们往往会进行详细的专门外出游憩安排，一些大型的、远途的城市郊野公园和城市综合公园成为这个时间段的首要选择，而这类公园也会存在一些服务等方面的问题，导致人们对于大型绿地公园的游憩体验不佳，因此有相当一部分人会选择在下午或晚上便结束一天的外出游憩活动，该推论也符合前文"去公园经常使用的交通工具""最喜爱的公园类型"提供的统计结果。

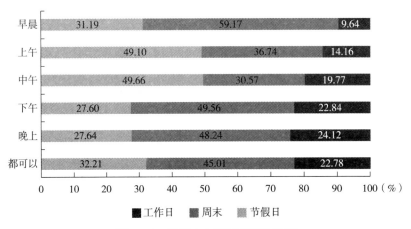

图 4-18 经常去公园的时间的比例

资料来源：https：//www.wix.cn/vm/Ppjwwij.aspx，问卷星 APP。

在问题"公园游憩活动的持续时间"中，"不确定"的选择比例最高，为 36.14%，其次分别是 22.94% 的一小时、17.91% 的一个上午/下午/晚上、16.99% 的半小时以及最低的全天（6.01%）（见图 4-19）。与"经常去公园的时间"中的"都可以"选项具有自主掌控时间的选择意义不同，"不确定"带有未知因素，这种未知因素可能来自个体在游憩过程中发生的主体性改变，也可能是发生在被接触物体的客观改变。

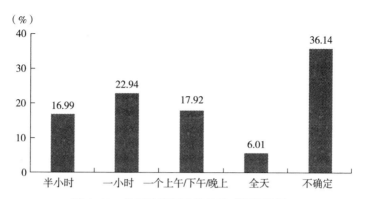

图4-19　公园游憩活动的持续时间的比例

资料来源：https：//www.wix.cn/vm/Ppjwwij.aspx，问卷星APP。

五、问卷调查分析总结

根据上述问卷调查结果，分析总结如下：

（1）去除实际环境因素后，人们的游憩活动选择上并无明显偏好差异。

（2）人们对城市公园的选择喜好程度与城市公园距其居住地的距离存在一定关联性。

（3）人们对城市公园最感兴趣的场所集中于健身设施、休闲椅、广场，这说明配套设施对其游憩行为活动选择具有一定的吸引作用。

（4）在交通方式的选择中，步行与私家车占比较高说明人们对城市公园的游憩同时具有"就近"与"远途"的户外游憩需求，也说明空间距离并非人们进行户外游憩选择的唯一标准。

第五章 | 城市公园游憩行为的
实地调研

城市公园中的游憩行为本质上是一种个体化的主观行为选择，其特点是主观价值的驱动与客观环境条件造成的相互影响结果。因此以地理空间信息技术和线上问卷的研究方式只能针对现象得到现象背后的数理逻辑分析结果。探究行为与空间的实际逻辑因果关系，需要建立一种行为与空间具体化的关联性，这就需要对城市公园游憩行为进行实地调研，以期构建更精确的个体行为要素结构。

实地调研主要以现场观测来进行量化统计，包括游憩活动在特定空间场所中的行为动态和活动时间的差异性两个部分。其中，前者主要以游憩活动类型的人数、季节、时间变化、空间内容四个方面来分析空间结构与游憩活动类型的匹配关系；后者主要以游憩活动类型的性别、年龄、活动类型时长、出行方式四个方面来分析游憩活动背后的个体游憩行为结构要素。

第一节 实地调研情况

一、实地调研对象的选取

为了从游憩行为发生过程的观察中了解个体的行为产生机制，笔者对城市公园实地进行观测，并以此为参照进行精细化的行为量化统计，分析个体行为与场地之间的关联性，再以个体样本行为跟随分析游憩行为过程中的个体要素，构建个体的行为逻辑结构。笔者根据大众点评网、马蜂窝、小红书、抖音等互联网热度分析与评价数量，选择人流量观测载体最为丰富、受访热度最高的龙湖湿地公园（包含于表 4-1 中 1 号公园组，下文用 1 号公园代指）、71 号、52 号、55 号、15 号、30 号六个城市公园作为观测游憩行为时间与空间序列性变化的观测地。六个城市公园的空间形态及其在城市中的相对位置，以及基本情况如图5-1和表5-1所示。

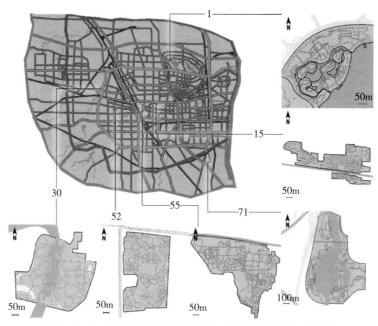

图5-1 六个城市公园空间形态及其在郑州城市中的位置

表5-1 六个城市公园的基本情况

城市公园编号	公园规模（hm²）	公园质心位置	所属行政区	公园类型	周边居住密度
55	30.14	113°40′E，34°45′N 113°40′E，34°46′N	金水区	社区型公园	高
15	19.2	113°41.5′E，34°46′N	金水区	社区型公园	高
52	26.67	113°38.2′E，34°45.4′N	中原区	社区型公园	高
30	37.34	113°35.8′E，34°37.3′N	中原区	街心公园	中
71	103	113°47′E，34°41.4′N	管城区	大型绿地公园	低
1	16.4	113°43′E，34°49.7′N	金水区	大型绿地公园	低

二、调研对象概述

六个公园从景观要素的分布上多表现出多地形分布结构、高低错落的空间格局，组合式景观、丰富的植配等综合性城市公园的特性，同时也兼备一定的邻里性特点。从六个公园的人流量时空分布观察结果来看，开阔的广场、湖边、沙滩、运动步行道等场所是人流密度最大的区域，同时，这些开放性场地往往是公园中内容异质化程度最高的区域，而较为传统的绿色植被加景观步道的园林景观组合对于游憩行为的承载力却并不高，这集中体现于游憩活动种类与游憩活动人数上。除此之外，人们习惯于将足够广阔开放的场地当作"游憩目的地"，这些面状的开放型场地较"线状"分布的景观步道更能体现一种明确的"游憩目的性"。这种场地的"游憩目的性"会对不同年龄人群产生不同程度的吸引力，如儿童与女性较为偏向湖边、沙滩、游乐广场等区域，老人与男性偏重于闭合性小型广场与植被茂盛区域，而公园特定的休闲步道、健身设施等区域，则多用于满足各年龄层人群的健身需求。另外，休闲类活动表现出高度的季节性特征，如在夏季，城市公园中表现出休闲活动的高度亲水性，如图5-2所示。因此，对"游憩目的性"的研究在城市公园游憩行为要素结构中具有非常重要的位置。

图5-2　在夏季，城市公园中表现出休闲类活动的高度亲水性

资料来源：笔者摄于2021年7月16日，左为30号公园；右为71号公园。

　　此外，城市公园游憩活动密度表现也与景观的不同设计具有一定关联性。在植物护岸的滨水景观设计中，游憩行为的密度与数量远低于可供人落座休息的河岸，人们的游憩选择多倾向于不同景观设计提供的功能性（见图5-3）。在景观文化性的表达中，人们也更在意游憩设施的使用，而不是只局限于观赏。比如可供人落座休闲的廊桥就会产生比古刹院落更具游憩吸引力的表现（见图5-4）。

图 5-3　水体景观的不同设计与不同游憩效果

资料来源：笔者摄于 2021 年 7 月 8 日，左上左下为 1 号公园；右上右下为 71 号公园。

　　通过对公园的游憩效果的实地观察可知，受人们欢迎的往往并不是通过高成本投入修建的新式景观设计，而是那些相对较为成熟、完善的公园服务设施。如图5-3所示。这说明人们对城市公园的游憩需求主要体现于游憩资源的设施，而并非空间，设施的完善比空间设计更加吸引人。在游憩行为结构要素中，设施的功能对游憩产生的影响显著性要高于其外形所带来的影响，设施的使用功能直接关乎该设施是否对游憩者产生吸引力，这种吸引力作用的结果直接体现在游憩者游憩行为的使用时间、使用体验、功能满足，该过程已经实现了游憩行为在空间接触本质中的体验目的，从本质上不同于较为依赖引流渠道与对外宣传才能产生效果的公园景观（见图5-4）。另外，居民对新老城市公园的游憩认可度也存在较大的差异（见图5-5）。

图5-4　文化类游憩设施产生的不同偏好效果

资料来源：笔者摄于2021年7月8日，71号公园。

（a）	（b）
15号公园	71号公园
具有健身功能的小广场	无人问津的小广场

图5-5　新老城市公园在居民的游憩认可度上存在较大差异

（c）
52号公园
健身步道接踵而至的健身人群

（d）
71号公园
宽广无人的公园步道

图 5-5　新老城市公园在居民的游憩认可度上存在较大差异（续图）

资料来源：笔者摄于 2021 年 7 月 12-13 日。

三、针对问题的现象分析

根据第一章中提出的"社交功能""服务质量""资源匹配"三个方面对六个城市公园进行实地观察，分别体现出六个公园中不同游憩资源的特点，同时也属于六个城市公园各自分类所具有的典型性。

根据实地观察可知（见表 5-2），在六个城市公园中对游憩者产生较大吸引力的游憩设施与场所普遍为广场、健身设施、沙滩、亲子游乐等，说明相较于优美的自然景观，人们普遍更为青睐那些产生实际功能的设施，这集中体现于人们在游憩活动中的目的性表现。

表 5-2　六个城市公园在三方面表现的区别

城市公园编号	社交功能	资源类型	游憩服务	独特的游憩设施与场所
55	邻里社交生活，兴趣类活动组织，社团组织	多层次的空间异质性，多种文化的游憩活动体验	社区集体活动体验，健身与休闲体验，亲子娱乐休闲	大型亲子游乐设施，健身广场，假山，人工湖

续表

城市公园编号	社交功能	资源类型	游憩服务	独特的游憩设施与场所
15	相同兴趣爱好的集体游憩活动	兴趣活动与生活爱好	体育运动与健身活动，休闲兴趣爱好	鸽子广场，健身小广场
52	附近居民的游憩活动组织，集体游憩活动			健身步道，休闲小广场
30	游憩随行者之间的社交	雕塑作品与设计风格观赏	喂食天鹅，雕塑艺术欣赏	湖心栈道与观景平台，露天剧院，广场
71		丰富的生态人文环境	欣赏自然风光，亲子娱乐休闲	亲子沙滩，湖边长廊
1				亲子沙滩，湿地景观，湖边栈道

　　在社交功能方面，六个城市公园根据其本身类型分类表现也有所不同，55 号、15 号、52 号公园的社交普遍较为开放，在集体活动与社会团体活动组织中表现较为活跃的中青年、中老年群体，其社交能力表现更好，主要体现于对周围生活圈的邻里资源熟悉度；30 号、71 号、1 号公园的社交功能相对较弱，主要表现为游憩随行者之间内部的社交，如亲子关系、家庭关系、伙伴关系等。

　　在资源类型方面，55 号、15 号、52 号公园主要表现为游憩资源的功能性所带来的"物性"与"群性"，通过人们相互之间的游憩行为呈现当地文化属性与特色；30 号、71 号、1 号公园则都是本身带有强烈的文化环境特质（其中 30 号公园属于艺术与文化环境，71 号和 1 号公园属于自然生态人文环境），通过人与公园的双向联系来体现文化价值。

　　在游憩服务方面，55 号、15 号、52 号公园主要表现在游憩功能方面，比如体育活动、健身运动、休闲娱乐等；30 号、71 号、1 号公园则是以游览观光、休闲休憩、亲子娱乐为主。

第二节　特定时空中的游憩活动动态研究

一、游憩行为分类

　　不同的社会群体对于城市公园的接触需求也有所不同。按照公园游憩行为的整体活动强度表现与行为内容，可将游憩行为分为四类：体育类活动、兴趣类活动、休闲类活动、休憩类活动。体育类活动的目的主要在于锻炼身体；兴趣类活动的目的主要在于拓展自身兴趣，即以兴趣为引导的娱乐活动，该类型活动中人们仅把公园空间作为活动的基底；休闲类活动的目的性较为模糊，属于非计划性的"游览"与"观光"活动，主要体现为人与公园自然生态的接触；休憩类活动的目的在于精力与体力的恢复。四种活动类型的强度、计划性、专门性从低到高依次是体育类活动>兴趣类活动>休闲类活动>休憩类活动（见表5-3）。

表5-3　游憩活动的不同类型

主类别	定义	活动内容
体育类活动	具有较强的专门性、对抗性、计划性的体育活动，包括个人使用健身器械锻炼身体的活动，达到强身健体的目的，活动强度最大	球类运动、跑步、骑车、划船、健身、滑板、竞走
兴趣类活动	具有一定的专门性、计划性，并由个人兴趣爱好作为引导的活动行为，身体活动强度仅次于体育类活动	钓鱼、摄影、跳舞、唱歌、唱戏、打拳、室外书法、打陀螺、航模、直播、打牌
休闲类活动	活动内容本身并不具有专门性与计划性，只是协同家人、亲朋好友或独自一人出门"走走"的活动，活动强度较小	亲子活动、散步、聊天、喂鸟/鱼、赏景、野炊、观看他人活动
休憩类活动	人们在场所中静态地休息，使体力与精力获得恢复的活动，活动强度最小	饮食、休息、野餐、睡觉

二、游憩行为的时空动态统计

由于 2021 年 7 月和 2022 年 2 月所获的数据更贴近于日常周边城市人居环境的户外游憩行为，因此笔者选择 2021 年 7 月（数据获取于郑州"7·20"特大暴雨灾害之前）和 2022 年 2 月 10：00~18：00 的五个时间节点对六个公园中的六个活动密集场所（见图 5-6）进行人流量统计，得到游憩活动类型时间分布图（见图 5-7、图 5-8）。根据统计数据分析可知，在所有城市公园中人气热度最高的区域中，游憩种类参与活动人数最多的是休闲类活动，其次是休憩类活动、兴趣类活动、体育类活动。其中，休闲类活动无论是参与人数、频次、持续时间还是活跃质量与活动种类都是所有游憩种类中最高的，休闲类活动的热点主要集中于湖岸沙滩、亲水堤岸等邻水开放空间；休憩类活动的分布情况较为普遍，较多分布于 30 号公园的湖心栈道、紫荆山广场等区域；兴趣类活动较多集中于毗邻居住区的城市公园，如 55 号公园与 52 号公园；体育类活动仅在具有乒乓球桌与环形跑道的 55 号公园东门南广场和 52 号公园表现较为突出，说明该类活动对专业性场地的要求较高。

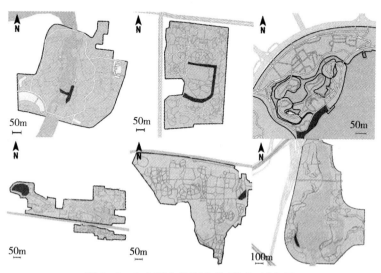

图 5-6　六个城市公园中的观测区域位置

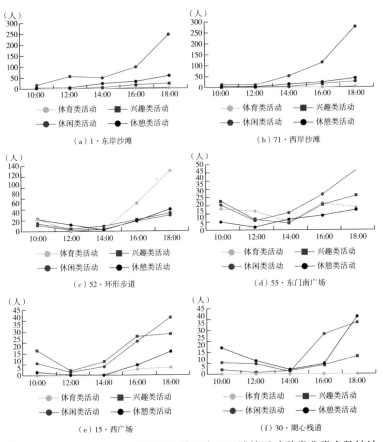

图 5-7　2021 年 7 月六个城市公园最受欢迎区域的活动种类分类人数统计

三、游憩行为的时空动态分析

由图 5-7 和图 5-8 可知，在城市公园中，人们的游憩行为时间节点与人流量会随着季节发生变化，整体来看 2021 年 7 月的游憩出行流量总数比 2022 年 2 月要多，但是 2021 年 7 月的流量统计在时间分布节点上却高低落差较大，这一现象在 1 号、71 号、52 号公园中较为明显，而 55 号、15 号和 30 号公园的人流量曲线则表现相对平缓，六个公园的人流量最密集时间节点全部集中在 16：00 之后，在 18：00 之后均达到区域人流量最高峰。此外，2022 年 2 月人流量曲线则相对 2021 年 7 月要平缓很多，并没有出

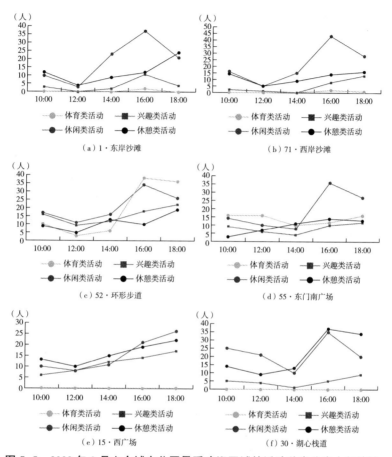

图 5-8　2022 年 2 月六个城市公园最受欢迎区域的活动种类分类人数统计

现在某一时间节点突然达到人流量爆发式增长的巅峰，但仍然较多集中于10：00 与 16：00 两个时间段，在 18：00 后人流量逐渐下降，这说明游憩行为数量与天气温度相关。2022 年 2 月整体游憩行为的数量表现与 2021年 7 月具有明显差距，但这也可能与春节前后全国多地区新冠疫情反复有一定的关系。总体来说，2021 年 7 月显示游憩行为数量高低落差较大，总体趋势明显；2022 年 2 月波动较大，总体数量较平均。

　　值得一提的是，在 1 号、71 号、52 号公园三个公园中波动最大的公园区域中，游憩类型区别较为明显，即四个种类分别呈现各自不同但总体趋于同一性的曲线变化。在 1 号和 71 号公园中，休闲类活动的数量最多，也是相应导致休憩类活动增加的主要原因，可判断为休闲类活动是这两个公园场所中游憩行为的主导性活动。而在52号公园中，体育类活动与休闲类活动数量最多，从体育类活动的"跑步"转而变为休闲类活动的"走路"和休憩类活动的"休息"的现象也时有发生，说明健身类活动是导致该地区其他类型活动数量增多的主要因素，健身类活动是该地区游憩行为的主导性活动。

此外，植被密度较大的区域比其他区域休憩类活动数量明显要多；具有环形步道这一占地面积较大的体育设施的52在体育类活动表现中一枝独秀；服务设施较为丰富的两个沙滩区域在六个公园中休闲类活动人数最多；距离居住区较近的15号、55号、52号公园在兴趣类活动中的数量明显要比其他三个公园更为突出。

通过2021年7月和2022年2月的统计结果对比可以得到以下分析：

（1）活动场所中的游憩行为数量与天气温度、天色、灯光等环境条件有一定关系。

（2）在沙滩湖岸、环形步道等游憩主导性活动较为突出的场所，游憩活动数量随时间推移变化较大，在广场、湖心栈道等游憩内容异质性较大的场所中，游憩活动数量变化差异较小。

（3）人们在夏天户外游憩活动的主动意愿要高于冬天，尤其是户外亲水、户外健身的活动意愿，在游憩空间中的空间偏好中也具有普遍亲水性。

（4）游憩活动偏好性与空间形态、空间内容、植物配置、服务设施等有一定关系。

四、游憩活动需求与空间要素的匹配

根据实地观察结果对公园游憩行为进行分类，并依据分类对空间功能组成部分进行分析，构建公园游憩行为空间设施分析表（见表5-4）。根据2022年国家统计局对年龄层的划分标准可分为五个层级：0 6岁为儿童；6-17岁为少年；18-40岁为青年；41-65岁为中年；66岁以后为老年。从表中分析结果可知，在体育类活动、兴趣类活动、休闲类活动、休憩类活动四个主要分类中，体育类活动强度最大，其次是兴趣类活动，再次是休闲类活动，休憩类活动的强度最低。在对活动区域大小规模的要求中，体育类活动和兴趣类活动对空间规模需求最大，其次是休闲类活动，休憩类活动对空间大小的需求最小。在对游憩空间类型和具体游憩配套设施的分类统计中，休闲类活动对游憩空间类型需求标准最高，由于休闲类活动所面对的群体年龄层较为广阔，在配套设施中就必须增加儿童与老年人对安全防范需求的配套成本。同时，儿童还会经常购买玩具和运动装备，对于食品饮料等便利性消费的需求也是所有年龄群体中最大的，因此在休闲类活动所涉及的空间区域中，个体商贩也最为密集。其次是体育类活动，由于健身类活动也是城市公园中游憩行为的一个主要分类，在健身所需要的配套设施中，主要以专门性的空间内容为游憩行为提供功能性服务。兴趣类活动和休憩类活动对游憩空间类型和配套设施的需求最低（见表5-4）。

表5-4　游憩活动类型与空间设施类型对照

游憩行为分类	游憩空间类型	配套设施	活动区域大小	身体活动强度	主要服务人群
休闲类活动	玩沙子	沙滩、水岸	防护网、路灯、安全标识、救生设施、盥洗设施、洗手间、便利商贩、垃圾桶、监控	大	中高	儿童、少年、青年
	捉小鱼	水岸			高	
	玩水	水岸				
	放风筝	开阔场地	路灯、安全标识、便利商贩、休息座椅/台、监控	中	中	儿童
	亲子拍照	全地形				
	玩具互动	开阔场地			高	儿童、少年、青年
	体育互动	开阔场地				
	带孩子	全地形	路灯、便利商贩、休息座椅/台、监控	大		儿童
	喂鱼	水岸、亲水栈道、天然石头	安全标识、护栏、救生设施	中	低	全年龄
	散步	步道、连廊、水岸		大	中	
	遛狗					中年、老年
	喂鸟	全地形	休息座椅/台			全年龄
	赏景			小	低	
	玩手机					
	聊天					

游憩行为分类		游憩空间类型	配套设施	活动区域大小	身体活动强度	主要服务人群
体育类活动	跑步	步道	路灯、安全标识、音乐播放器、休息座椅/台、洗手间、监控	大	高	全年龄
	竞走	步道				中年、老年
	滑板	滑板池、小型广场				少年、青年
	室外健身	街健设施		中		全年龄
	打乒乓球	乒乓球桌				少年、青年
	打羽毛球	步道、广场、场地				全年龄
	打篮球	篮球架				少年、青年
	踢足球	硬质地面、草地		大		
	打网球	网球场		中		
兴趣类活动	直播	座椅、水岸、连廊、天然石头	路灯、休息座椅/台、安全标识		中	青年
	摄影	全地形			低	全年龄
	室外书法	硬质地面		小	中	中年、老年
	钓鱼	水岸	安全标识			
	跳舞	广场	路灯、休息座椅/台	大	高	
	唱歌、唱戏	广场、连廊、步道、座椅		中	中	
	打拳、做操、练剑	广场、开阔场地、步道				
	下棋、打牌	石桌凳、阴凉处	路灯、休息座椅/台	小	低	

续表

游憩行为分类	游憩空间类型	配套设施	活动区域大小	身体活动强度	主要服务人群
休憩类活动	吃东西、喝水、睡觉	全地形	便利商贩、垃圾桶	小	低	全年龄
		长椅、树荫、连廊	监控、路灯、休息座椅/台			
	发呆、冥想	全地形	休息座椅/台			中年、老年
	瑜伽	草坪、沙滩、天然石头	安全标识			全年龄

通过对设施与游憩行为活动的相应关系，得到了在一定空间与设施的组合中产生具有特定活动的规律。比如，人们往往在开阔的广场区域进行唱歌、跳舞、打陀螺、玩球、滑板车等休闲类和亲子类活动；在有树荫和廊道遮挡的座椅上进行玩手机、休息、聊天等休憩类活动；在健身器械区域以及健身步行道上进行健身活动；在亲水岸边和沙滩附近进行亲子类活动与休憩类活动。

第三节　游憩活动时间及行为类型研究

一、个体游憩行为的跟随式统计调查

根据现有研究，城市公园中的游憩行为表现出的差异性主要体现于主观（包括年龄[299]、性别[300,301]、情感感知、偏好性等主体要素）与客观（包括空间可达性[302,303]、空间满意度、环境感知等客观要素）两个结构层次。为了进一步研究游憩行为主体要素与城市公园空间客体要素相互之间的关系，对游憩活动在时间上表现的差异性，对应"城市人"理论的"人事时空"四维度结构关系，构建性别、年龄、出行方式三方面统计指标，对 55 号、30 号、15 号、71 号、52 号五个城市公园中进行针对行为个体的跟随式调研。

不同活动表现出个体在单独行为片段中的活动目的差异，因此个体的主观目的与行为表现和时间与空间中的变化息息相关。在跟随式统计调查过程中，每次执行的游憩活动事件视作一次按分钟计时的行为片段，样本个体代表自存与共存状态下的平衡参与个体，游憩行为是事件发生片段的过程，游憩场所是游憩行为的载体。充分捕捉样本个体在公园空间中的每个行为片段，并记录其发生时长与发生时所在场所、单位行动距离、游憩活动内容、游憩活动类型。本次研究分为 2 人一个小组，共 56 人 28 组，于 2021 年 7—11 月，针对每个公园中随机抽选的 40 个样本个体的行为活动展开实时跟随记录。由于跟随统计方法极为耗费时间、精力与人力，进行大样本量的跟随式调研难度更是远超研究本身所能承受的极限，因此在跟随统计方法中，笔者只能从众多公园行为个体中随机抽取最多 40 名样本个体进行行为跟随记录，即五个城市公园共计 240 个样本。

二、跟随式调研的游憩行为类型归纳

根据"城市人"理论在"人与空间发生接触"体现出游憩行为事件"物性""群性""理性"三个方面具有不同行为目的性的特点，把城市公园中的游憩行为进行类型归纳，以此构建不同活动类型对应性别、年龄段、交通方式的结构关系。游憩行为类型归纳情况如表 5-5 所示。

表 5-5　游憩行为类型归纳

主类型	分类	定义	身体活动强度	活动目的性	时间持续范围
体育类活动	足球、篮球、网球、羽毛球、乒乓球、门球、滑冰、街头健身、滑板、跑步、竞走、卡丁车等	所有体育类活动，具有专业性、专门性、对抗性的特点	最强	最强	长

主类型	分类	定义	身体活动强度	活动目的性	时间持续范围
兴趣类活动	放风筝、广场舞、唱歌/戏剧、直播、话剧、打牌、下棋、钓鱼、航模、室外书法等	非体育类的所有兴趣爱好类活动，主要在于脑力、体力参与式活动内容	较强	较强	中—长
休闲类活动	观看他人活动、散步、聊天、遛狗、带孩子、买东西、玩手机、抽烟、赏景等	以视觉和语言为主，行动为辅的休闲活动内容，以观看他人、语言交往、行为陪伴为主	较弱	较弱	中—长
休憩类活动	吃东西、喝水、休息、睡觉、闭目养神、静坐等	不消耗任何体力，所有恢复精力、体力以及解决卫生需求的活动	最弱	最弱	短—长

三、跟随式调研的样本描述性统计

在 240 个样本中，男性 116 人、女性 124 人，样本年龄分布在 5~78 岁。根据 2022 年国家统计局对年龄层的划分标准将样本对象分为儿童、少年、青年、中年、老年五个阶段。交通工具包括步行、自行车/电瓶车、轨道交通、汽车四个类型。样本描述统计详如表 5-6 所示。

表 5-6　跟随式调研样本表述统计

项	类	频次（次）	频率（%）
性别	男	116	48.3
	女	124	51.7
年龄段	儿童	6	2.5
	少年	57	23.75
	青年	74	30.83
	中年	70	29.17
	老年	34	14.17

项	类	频次（次）	频率（%）
交通方式	步行	76	31.7
	自行/电瓶车	46	19.2
	轨道交通	35	14.6
	汽车	68	28.3

四、游憩活动类型的性别差异

通过跟随式个体行为调研结果可知（见表5-7、图5-9），在游憩活动类型表现上具有明显的性别差异。在空间偏好方面，女性在城市公园中更偏好广场、长椅、树池等开阔与半开阔区域，男性则较偏好廊道、林荫小道、景观小径等私密性区域。在活动表现方面，女性普遍社交能力较强，主要体现于休闲类活动与休憩类活动，尤其是在开阔场地中的社交表现最强；男性则体现出对活动内容的专注。简单来说，在城市公园活动类型中，女性更倾向于"和谁一起"，男性更倾向于"做什么"。

表5-7　游憩活动类型的时长在性别中的差异

活动类型	总数统计（分钟）		人均统计（分钟）	
	男性	女性	男性	女性
体育类活动	3276	1362	28.2	11
兴趣类活动	2748	1332	23.7	10.7
休闲类活动	8394	9246	72.4	74.6
休憩类活动	1092	3402	9.4	27.4

根据游憩活动类型的时间长短在性别中的统计数据与实地观测情况，可分析出以下四点：

（1）在四类活动中，休闲类活动时长最长。此外，男性更重视以"目的性""专门性"为主的活动类型，主要集中于体育类活动与兴趣类活动；

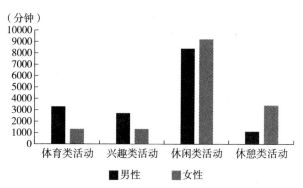

（a）性别与游憩活动类型的总时长对比

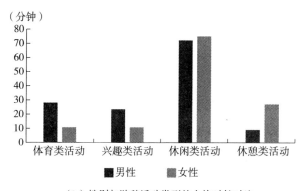

（b）性别与游憩活动类型的人均时长对比

图 5-9　游憩活动类型在活动时长中的性别差异

女性更偏好休闲类活动与休憩类活动，其中女性对休憩类活动的偏爱表现尤为突出。

（2）男性普遍对城市公园的设施与服务功能具有较高的要求，对空间的偏好主要来自空间设计的"功能性"；女性对空间场所的氛围较为敏感，集中体现于空间的社交、人文、生态等环境要素。

（3）从人均活动时间的总长度来看，男性与女性并无明显差异。

（4）男性在活动中的"持续性"较强，不太容易受到其他事件的干扰；女性在活动中的"间歇性"较强，活动内容较为丰富。

五、游憩活动类型的年龄段差异

通过游憩活动类型在不同年龄段表现出的时间长短可知（见表 5-8），中年在休闲类活动的时间长度最高，人均时长达到 113.3 分钟，活动内容也是最为丰富的；相对其他三个年龄层，少年最偏好体育类活动，人均时长为 105.9 分钟，在城市公园中的游憩活动目的性最为突出；青年的体育类活动表现仅次于少年，达到人均时长 90.2 分钟，其中一大部分因素来自对少年的亲子陪伴；老年各项活动类型表现较为平均，其中兴趣类活动和休憩类活动人均时长较长。

表 5-8 游憩活动类型的时长在年龄段中的差异

活动类型	总数统计（分钟）					人均统计（分钟）				
	儿童	少年	青年	中年	老年	儿童	少年	青年	中年	老年
体育类活动	96	6036	6675	3136	731	16	105.9	90.2	44.8	21.5
兴趣类活动	468	3580	2605	1176	1748	78	62.8	35.2	16.8	51.4
休闲类活动	132	2462	2975	7931	581	22	43.2	40.2	113.3	17.1
休憩类活动	60	1972	2819	6153	1309	10	34.6	38.1	87.9	38.5

根据统计结果（见图 5-10），可分析得出以下四点：

（1）儿童与少年对于探索户外空间环境与游憩设施功能具有最大的兴趣，相对地，在户外娱乐休闲中，他们难以专注于一项或某几项活动，其意愿表达为更丰富、更多样性、充满好奇的体验。

（2）城市公园对青年、少年的主要吸引力在于体育类活动，该群体也是所有年龄段中对高强度活动普遍最积极的，其意愿多表现为通过团体或独立运动为自身带来愉悦的自我提升过程。

（3）中年群体普遍正值工作与事业的巅峰期，其第二、第三代子女年龄尚小需要陪伴，因此用于培养自身兴趣爱好和自身健身锻炼的时间最少，对活动内容的专注表现也相对较低。

（4）由于退休的缘故，老年群体有更多时间进行户外游憩活动，其第

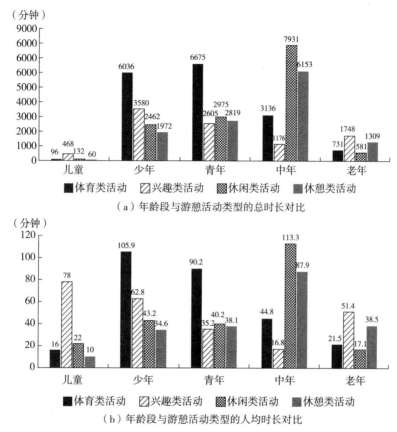

（a）年龄段与游憩活动类型的总时长对比

（b）年龄段与游憩活动类型的人均时长对比

图5-10　游憩活动类型在活动时长中的年龄段差异

三代子女也都开始上学，因此该群体拥有充分的时间来培养自身兴趣爱好。

六、游憩活动类型的交通方式差异

根据240个样本个体提供的城市公园交通方式信息，对其游憩活动类型时长进行统计。其中，步行仍然是城市公园最多的出行方式选择，为76人；其次是汽车，为68人；然后是自行车/电瓶车，达到了46人；选择轨道交通的人数最少，为35人。选择不同交通方式的个体在游憩活动类型的时长表现中存在较为明显的差异。

根据表5-9的统计结果分析出以下四点：

表5-9　游憩活动类型的时长在交通方式中的差异

活动类型	总数统计（分钟）				人均统计（分钟）			
	步行	自行车/电瓶车	轨道交通	汽车	步行	自行车/电瓶车	轨道交通	汽车
体育类活动	3024	1411	584	830	39.8	30.7	16.7	12.2
兴趣类活动	3946	1899	749	65	51.9	41.3	21.4	1
休闲类活动	2138	1087	2141	7227	28.1	23.6	61.2	106.3
休憩类活动	1736	969	1249	1997	22.8	21.1	35.7	29.4

（1）步行个体的体育类活动人均时长最长，为39.8分钟；其次是自行车/电瓶车，达到了30.7分钟。同时，选择步行与自行车/电瓶车的个体在兴趣类活动中表现也最为突出，人均时长分别为51.9分钟和41.3分钟。这说明居住距离较近的个体对游憩活动的目的性较为重视，对于活动内容的专注力也最强。

（2）选择汽车出行的个体在休闲类活动表现最为突出，人均时长达到106.3分钟，体育类活动和兴趣类活动均为最短时间，说明该类个体的居住地普遍距离城市公园较远，活动目的性相对其他三个群体较为模糊，往往表现出相对更为丰富的活动内容。

（3）根据前两个分析结果推论：居住地距离公园较近说明游憩行为个体对游憩目的地熟悉度较高，因此在游憩行为的目的性上表现最为精确，即更注重"空间场所提供的设施服务功能"；而居住地距离较远说明游憩行为个体对游憩目的地的熟悉度相对较低，因此其行为目的性也相对更为模糊，即更为注重"空间环境带来的丰富体验"。

（4）55号、15号、52号三个公园由于毗邻居住区，其体育类活动和兴趣类活动对个体构成的吸引力本身就比其他三个公园要强，但这三个公园由于停车十分不便，也进一步增强了对步行、自行车/电瓶车出行个体的吸引。

七、游憩活动类型的城市公园差异

根据六个城市公园的对比可知（见表5-10），在每个公园40份样本调查中，15号公园的游憩活动总时长与人均时长最高，分别为6706分钟与167.7分钟，其次是52号公园（人均137.2分钟）、15号公园（人均129.2分钟），说明这三个城市公园相对更受欢迎，其年龄覆盖范围也相对更广。其中，55号公园所提供的游憩服务无论是从视觉欣赏、休闲旅游、体育健身还是兴趣爱好各方面都要高于其他五个城市公园，尤为是受到了儿童、中年、老年群体的喜爱，很多人会选择在这里度过大半天甚至一整天的时间；52号公园则是在体育类活动上表现最为突出，密度较高的植配、林荫小道、环形健身步道、半开放的小广场等对于人们开展体育类活动和兴趣类活动构成较大吸引力；15号公园和30号公园在吸引力表现上相对较弱，15号公园偏向体育与兴趣类活动，30号公园偏向休闲与休憩类活动；71号公园和1号公园仅在湖滨沙滩、景观长廊、休闲广场等几个特定游憩场所具有较高的人气，对儿童和中年群体构成较大吸引力，其他空间场所的尺度与吸引力不成正比，且游憩行为的数量也十分稀少，对于渴望进行体育锻炼和出行不太方便的中老年群体，这两个公园的吸引力明显偏低。

表5-10 游憩活动类型的时长在城市公园中的差异

	活动类型	体育类活动	兴趣类活动	休闲类活动	休憩类活动	合计
	55	1673	2456	1592	985	6706
	52	2334	1436	681	1034	5485
总数统计 （分钟）	71	285	250	3238	1147	4920
	30	217	458	1872	1430	3977
	1	69	121	3390	1025	4605
	15	1485	1765	819	1090	5159

续表

	活动类型	体育类活动	兴趣类活动	休闲类活动	休憩类活动	合计
人均统计 （分钟）	55	41.8	61.4	39.8	24.6	167.7
	52	58.4	35.9	17.1	25.9	137.2
	71	7.2	6.3	81	28.7	123
	30	5.4	11.5	46.8	35.8	99.4
	1	1.7	3	84.8	25.6	115.1
	15	37.1	44.1	20.5	27.3	129.2

根据统计结果可知（见图 5-11），在各项活动类型中，55 号公园人均活动时间均处于较为平均的水平，四类活动的人均时长分别为 41.8 分钟、61.4 分钟、39.8 分钟、24.6 分钟；其次是 52 号和 15 号公园。而 71 号、30 号、1 号公园的四类活动时长差异性较大，主要体现为异常突出的休闲类活动人均时长，三个公园分别达到了 81 分钟、46.8 分钟、84.8 分钟的人均时长水平，均高于其他三个公园。这说明人们选择 71 号、30 号、1 号公园进行户外游憩的主要目的是休闲类活动。根据实地观察，71 号、30 号、1 号公园的游憩主体年龄层也较为相仿，大多集中于儿童、中年两个年龄段，60 岁以上老年以及 12~30 岁青少年群体则相对较少；55 号、52 号、15 号公园的年龄层分布更为平均。由此可得出以下分析：

（1）距离居住区较近的城市公园，其游憩活动人群对体育类活动和兴趣类活动的积极性更强；距离居住区较远的城市公园，其游憩活动人群更偏好休闲类活动。

（2）活动类型的时长差异性主要体现于体育类活动、兴趣类活动、休闲类活动，在休憩类活动中的差异性并不明显，说明休息类活动是一项城市公园游憩活动的基本功能需求。

（3）人们对城市公园户外游憩选择具有年龄段上的偏好差异，这种差异性与游憩个体的出行方式也具有一定关系，尤其是不同年龄段的户外游憩出行成本因素。

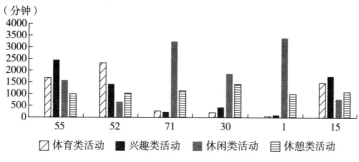

（a）六个城市公园中的游憩活动类型总时长对比

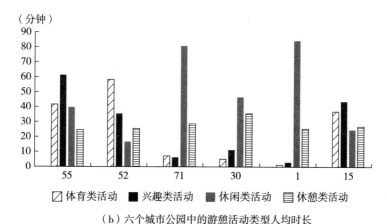

（b）六个城市公园中的游憩活动类型人均时长

图 5-11　游憩活动类型的时长在六个城市公园中的差异对比

八、跟随式调研统计与分析结果

根据以上对六个城市公园在游憩活动类型时长方面表现出性别、年龄段、交通方式、城市公园四个方面的差异分析，对跟随式调研统计分析进行汇总与整理，并进行如下推论：

（1）性别的活动差异主要体现于对单个活动片段的时间持续方面，以及行为目的性方面，女性普遍重视社交、视觉、环境、感知、情绪，男性普遍重视功能、设施、体验、提升。

（2）不同年龄段对游憩活动的理解差异是造成不同类型活动时间差异

的主要因素，儿童更注重对未知事物的探索与认知；青少年更倾向于通过活动与锻炼身体提升自我；中年更偏好对他人的陪伴、对环境的欣赏、对精神的放松；老年则是表现最平均化的群体，普遍喜爱培养自身生活兴趣，同时享受安逸的闲暇时光。

（3）交通方式造成的差异主要体现于游憩行为个体居住地距离城市公园的空间可达性差异。交通成本与空间的认知熟悉度成反比，与活动内容的计划性和目的性成反比，反之亦然。

九、跟随式调研结果的行为类型分析

1. 不同类型的活动目的性差异

在体育类活动与兴趣类活动中，人们的行为具有高度的目的性，游憩活动相对单一，呈习惯性，且表现出对游憩场所非常熟悉，行为片段的持续时间较长，这类样本个体往往会选择一项健身活动或者一种休闲爱好，一直持续到公园游憩活动的结束，如跑步、打羽毛球、打乒乓球、钓鱼、直播、室外书法等专门类活动。这些行为活动不论是体育类还是兴趣类，所体现的最大特点就是行为个体的目的性极强，这种极强的目的性贯穿于其公园游憩活动的全过程。

根据观测的结果，可以以持续时间与行为活动强度对样本在公园游憩活动行为的目的性进行强弱等级划分。健身类活动的行为强度最大，行为持续时间相对最长，而且参与健身类活动的行为个体往往也会有专门的行动计划，如打球多长时间、跑步多少米、跑多久等目标性计划，因此健身类活动的目的性最强；其次是以"人与物"在空间接触原则上产生浓厚的兴趣爱好最多的行为活动，如钓鱼、直播、打陀螺、滑板、室外书法等，这类活动的行为强度不大，但持续时间较长；最后是聊天、走路、玩手机、喂鸟/喂鱼、赏景/看人等休闲与休憩类活动，这些活动的行为强度最低，持续时间也较前两种活动短，因此目的性最弱。

2. 从游憩的活动类型分类到行为类型分类

游憩的活动类型是指通过实地观测直接获得的个体活动信息，游憩行为类型是根据个体活动信息表现出的行为性质。通过观察，主要受到活动的"目的性""价值""动机""偏好"等因素的影响。行为活动的连续性也与目的性成反比，即行为目的性越强的个体，往往不会被突如其来的事件打断，更容易专注于行为活动本身，钓鱼者不会因为周边人群活动而终止自身的活动，跑步者也不会在锻炼过程中聊天或玩手机，但目的性表现最弱的行为则很容易被连续性因素干扰，进而产生游憩事件新行为发展的逻辑延展。因此，可以以目的性从强到弱变化将单次的游憩行为划分为四个行为等级：计划行为、兴趣行为、休闲行为、需求行为。计划行为的游憩目的性最强，指的是上述外出游憩具有相对严格的计划与安排的活动行为；兴趣行为则是以个体兴趣爱好为推动的游憩活动；休闲行为更多是无明显游憩目的和计划安排，属于在场所内可以因环境接触变化而随意更改的行为活动；需求行为是上洗手间、喝水等解决自身生理需求的应急行为，它并不属于个体到公园进行游憩活动的目的范畴，但在个体与空间接触的"人事时空"四维行为活动结构中也属于行为活动的内容，所以将其游憩行为的目的性视为最低等级。

由表5-11可知，计划行为与兴趣行为之间的判断标准主要来自人与物在接触主客体的位置关系上，计划行为往往是为了获得自我的提升，其实质是以某件事物体现出"对自我的热爱"，而兴趣行为是对于某种事物的热爱，即"无所谓提升与否，这就是我热爱的事情"，即一种习惯性的个体行为；兴趣行为与休闲行为的判断标准主要体现于"是否会随客观环境变化而更改行为活动的内容"，相比之下，兴趣行为不易被改变，休闲行为容易被改变；休闲行为与需求行为的判断标准来自"是否作为外出游憩活动的目的"。

表 5-11　按目的性强弱分类的四种行为类型区分

行为类型	目的性强度	释义	行为目的	行为过程中的交往	单次行为持续时间	占公园总人数比例	场所要求
计划行为	高	具有严格游憩活动计划的行为	从严格的自我提升计划中获得愉悦体验	低	很长	低	专门性场所、地面铺装、空间私密程度、安静程度、场所管理水平

行为类型	目的性强度	释义	行为目的	行为过程中的交往	单次行为持续时间	占公园总人数比例	场所要求
兴趣行为	中	以兴趣爱好为动机的游憩行为，没有具体的行为计划	生活习惯、对某项事物的热爱	中	很长	中	地面铺装、空间通达性、场所管理水平
休闲行为	低	在游憩过程中可根据个体与空间的接触效果而随意改变内容的行为	打发时光、协同他人、呼吸新鲜空气	高	不确定	高	空间连通度、空间观赏性、空间开敞性、便利性
需求行为	无	在游憩过程中为了解决生理需求的应急类行为	恢复能量与解决生理需求	低	很短	高	空间通达性、消费便利性、长椅花坛等休息区域、安全与私密性

第四节　游憩行为要素结构研究

一、行为要素结构的作用

事实上，人们在公园中的四种活动类型（体育、兴趣、休闲、休憩）在时间、空间的序列性变化中会发生相互转变的现象，并非保持既定的活动类型一成不变。比如，因为疲劳从体育类活动转变为休憩类活动，随着兴趣的转移从兴趣类活动转变为体育类活动等。游憩行为数量的人数统计标准是活动类型，不是表示个体一成不变的活动类型空间单位计数。也就是说，个体在空间中的行为活动会发生改变，这也会使游憩参与者在空间中的动态活动变为静态活动，从线状或面状活动变成点状活动。研究这种活动类型转变的根源在于分析其结构要素上的变化。

二、对游憩事件的解构

研究游憩行为产生机制就必须对游憩事件进行分解，通过主体行为性质对游憩事件进行解构，将叙事结构转化为要素结构。通过游憩行为结构分析可知，在体育、兴趣、休闲、休憩四种主要活动中，游憩行为会表现出协同性（Synergistic）、连续性（Continuity）、目的性（Purposiveness）三个不同的要素（见图5-12）。在人们进行游憩行为时，会通过"和谁一起"的协同性与"干什么"的目的性来构建一次公园游憩行为的计划，对应"城市人"理论中的"自存"与"共存"，则可以将"协同性"与"目的性"在游憩行为进行过程的需求中解释为"共存期望"与"自存期望"。而在该过程中参与个体会通过自身与空间环境接触的体验过程产生一定的变化，该变化性因素导致游憩行为产生连续性，因此被视作连续性因素。连续性是作为游憩者"在场"面临的活动类型转换机会，这种机会包括活动加入了新的个体、认识了新的朋友、游憩参与个体的意志变化、新的物质接触环境、某活动的吸引力等。协同性是指在个体参与游憩之前的一切"脱域"式（相对于在城市公园中的"在场"）关系，包括孩子、长辈、朋友、亲戚、伴侣等先在性社会关系，游憩行为个体都有可能将之带入公园游憩活动，这是一种先于公园"在场"状态的"共存"，当然个体也有可能独自一人进行公园的游憩行为，即先于公园"在场"状态的"自存"。

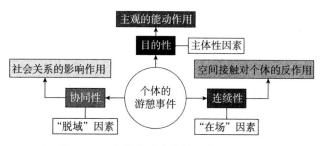

图5-12　个体游憩事件的要素结构分解

通过"城市人"理论对游憩行为的空间接触要素进行分析，可以将"个体的游憩事件"进行要素结构的分解。首先，目的性充分对应个体在行为事件过程中的主体性因素，主体性因素在行为中提供"主观能动作用"；其次，连续性与协同性分别提供"在场"因素与"脱域"因素，两者构成客体因素结构对个体的游憩事件产生"空间接触对个体的反作用"与"社会关系的影响作用"，三种作用的结果最终生成个体的游憩事件（见图5-13）。

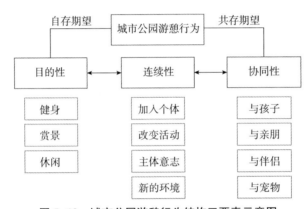

图5-13 城市公园游憩行为结构三要素示意图

三、三要素的行为表现模型

三要素在游憩行为行动过程中可分为四种模式：协同性、目的性、连续性；目的性、连续性；协同性、目的性；目的性。第一种是"我和谁，干什么，过程中又可以干什么"的活动方式；第二种是"我干什么，过程中又可以干什么"的活动方式；第三种是"我和谁，干什么"的活动方式；第四种是只强调"我干什么"（见图5-14），图中的箭头代表相互之间按照时间顺序产生的关系。因此，协同性、目的性、连续性虽然处于游憩行为发生过程中的不同时空状态节点，但是却可以根据这三个游憩行为的结构要素分析不同活动种类的表现特点。

从四种游憩行动模式的结构可知，目的性是游憩行动产生的必要条

146

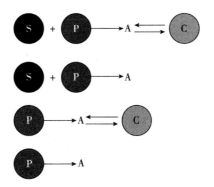

S——协同性：父母、子女、同事、同学、伴侣、朋友、长辈、亲戚、宠物
P——目的性：锻炼身体、打发时间、休闲娱乐、呼吸新鲜空气、养神、兴趣爱好
C——连续性：活动间休息、活动间聊天、新增协同性条件、新增目的性条件
A——行动

图 5-14　三种结构要素在游憩行为行动过程中的四种模式

件，所有游憩行动必须通过目的性指令才能作用在个体基础上。协同性对游憩行动产生具有一定的推动作用，对游憩行动的内容、持续时间、空间变化等具有重要的影响作用，也是在游憩空间场所物质条件之外最能够改变个体游憩心理体验并造成个体体验差异的直接因素。连续性是游憩行动产生的新动机，这种新动机相对于目的性的动机而言主要体现于它是在个体接触空间过程中出现的，而不是先于场地的条件，连续性在结构中并不是必然存在的，会根据活动间休息、活动间聊天、新增协同性条件或新增目的性条件而发生实时性变动。

四、三要素在行为中的驱动机制

通过构建游憩行为要素结构可知（见图 5-15），在游憩活动的全过程中，三要素相互制约影响（图中箭头代表影响关系）。目的性是一切活动的根本出发点，是所有公园游憩行为的必要条件，其定义是"个体与空间发生接触的意愿"，实际上是个体在建立空间中的"自我"关系；协同性是在个体进行游憩行为选择的一种模式，代表个体与他人希望建立一种在游憩活动场所中的关系，在于"个体与他人一同进行空间接触"，即在空间接触中建立"他我"关系；而连续性则是提供一种"个体在接触空间时产生新行为的机会"。

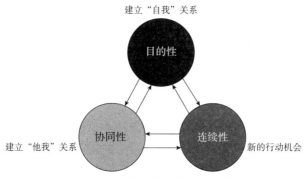

图 5-15　游憩行为的三要素关系

从个体行为研究记录来看，协同性和连续性可以在行为表达过程中显示为零，但从该个体的行为要素结构上来说，协同性和连续性虽然为零，却不等于不存在。

目的性是个体行为内在的"自我"价值驱动；协同性是个体在空间基础之上建立"他我"关系的重构过程；连续性能够对游憩行为片段产生承上启下的连接作用，作为一种机会形式将游憩行为在场所中进行持续性的空间再生产，作为游憩可持续性的外在驱动力，连续性是创造更多空间异质性以达到更多空间接触可能的关键要素。

五、行为要素在行为类型中的表现

计划行为是"自存"形式的最高体现，也符合梁鹤年提出在"人们追求最大化接触空间的权力"基础上强调"有质量的进行空间接触"的判断，该类活动要求空间提供较为专业的活动场所，并具备相应的配套设施以满足个体长时间与空间进行接触，如图 5-16 所示，计划行为、兴趣行为、休闲行为的目的性、协同性、连续性三要素关系的大小占比情况相应有所不同：随着目的性减弱，连续性和协同性的比例开始越来越大，从计划行为过渡到休闲行为实际上反映出个体从追求空间接触"自存"到"共存"的变化，代表个体从计划行为的不可改变的目的性开始发生可被改变的机会。需求行为在个体的公园游憩活动中没有目的性参与，因此其协同性与连续性也没有任何结构意义，在图中无法以该形式表现。

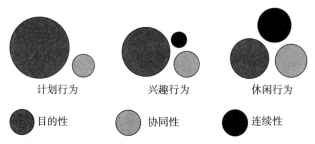

计划行为   兴趣行为   休闲行为

● 目的性   ● 协同性   ● 连续性

图 5-16 三种行为要素在各类行为中的大小占比关系

通过观察，对场地的熟悉度是导致游憩行为产生目的性差异的主要因素。对场地并不熟悉的个体很难把场所当作一种可以设计并执行计划活动的空间。对场地不熟悉也会增加个体协同他人进行开发与探索的好奇心，从而降低其活动行为的目的性，对空间所提供的内容偏好程度也会发生不同程度的变化。换言之，对场地非常熟悉的个体来说，在自身接触空间之前，该个体就会有一个非常明确的结果预期，因此做出适当的计划并不是为了体验过程，而是重在行动的结果，即收获与提升。相较而言，对场地并不熟悉的个体则更加注重对空间场所的环境体验过程，在与空间进行接触过程中就会更注重目的性较弱的休闲行为而不是计划行为。

对场地的熟悉程度主要来源于个体居住位置到公园的距离、每周去公园的次数、外出公园游憩一趟路程所用的时间等因素。出行公园的交通方式直接说明了个体与居住地之间的距离关系，交通方式统计能够比较客观地说明样本个体居住地与城市公园之间的远近关系。

六、行为要素与居住空间范围的关系

1. 行为要素与空间距离关系

通过上述分析可知，在公园中采取计划行为和兴趣行为的样本个体的交通方式主要是步行和自行车/电瓶车，说明其居住地距离公园较近；休闲行为游憩活动的样本个体则大多采用地铁、汽车的交通方式，说明其居住地距离公园较远。这说明游憩活动的目的性与其居住地距离成反比关系，居住距离越远，行为目的性越模糊；居住距离越近，行为目的性越精确（"行为目的性"不同于"出行目的"，前者指户外游憩的具体行为，后者指出行的活动目的）。更精确的计算方式是排除城市道路交通规划、空间通达性等复杂因素，将距离单位就必须换算成时间单位，即居住地距公园的通行时间越长，行为目的性越模糊；居住地距公园的通行时间越短，行为目的性越精确。

2. 行为类型与公园类型的关系

从距离因素来说，在 55 号、15 号这些距离居住区较近的市区城市公园中，个体居住距离近，其游憩活动的计划行为与兴趣行为就比较多，而在 1 号、71 号这类离居住区较远的城市公园中，个体居住距离远，休闲行为较多，计划行为与兴趣行为较少。结合表 5-12 的分析，可判断出：公园中的计划行为与兴趣行为数量较少，休闲行为数量较多，若该公园远离居住区，则计划行为与兴趣行为将变得更少。

表 5-12　目的性与公园类型、适宜修建空间内容的匹配关系

行为类型	行为目的性的精确度	行为个体居住地距公园的通行时间	公园类型	适宜修建的空间内容	游憩周期
计划行为	强	短	社区型公园、街心公园	小型球场、适合打太极拳的空间、景观跑道、球桌、健身设施	日常类公园
兴趣行为	中	中	社区型公园、街心公园、城市广场	广场、石桌凳、半封闭型小广场、健身设施、休闲书吧	
休闲行为	弱	长	大型绿地公园、城市景观步行道、城市广场	丰富的多季植物配置、多层次视觉设计、适合拍照的打卡景观、舒适与功能兼顾的座椅、休闲书吧	周游类公园

七、公园主要游憩内容与空间距离关系

如图 5-17 所示，假设 A、B 为两座城市公园，距离居住地一近一远，

按照可达性的通行时间划定生活圈范围，A 位于居住区周边 15 分钟生活圈之中，B 位于居住区 60 分钟生活圈之外。A 更适合为居住区提供功能便利性服务，B 更适合为居住区提供休闲观光类服务，推演分析如下：

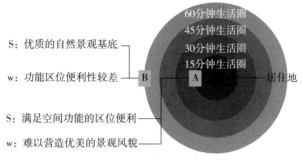

图 5-17　居住地与公园适合匹配内容的距离关系

（1）A 距离居住区过近，人口居住密度大，A 相对于 B 很难营造出优美的自然生态景观；B 距离居住区过远，出行花费的时间成本和经济成本较大，因此为居住区提供优质便捷的日常生活功能性服务的效果不如 A。

（2）A 的区位距离居住区过近，导致人们对 A 提供的视觉观赏性游憩体验丧失新鲜感，进一步降低休闲类活动的积极性；B 距离居住区过远，人们对 B 并不十分熟悉，因此在探索周边环境与设施内容之前一般不会采取目的性强的游憩活动内容。

（3）A 的区位距离居住区过近，也使得 A 的用地成本较大，因此停车位数量十分稀少，不适合作为远距离访客的游憩目的地，相比之下 B 这种距离居住区较远的城市公园往往具有充足的停车位，能进一步提升远距离访客的游憩意愿。

八、依据游憩行为要素设定公园不同类型的空间供给

确立目的性与居住地到公园距离的通行时间之间的相关关系，将有助于今后对公园服务供给与设施功能的内容配比进行合理规划与设计（见图 5-18）。比如，在居住地附近的城市公园，其目的行为表达程度较高的小型球场、适合打太极拳的空间、可供晨跑的跑道等专用场地的空间建设

比重就要得到相应的增加，以满足附近居民目的性较强的行为活动需求；距离市区居住区较远的城市公园，则需要更加注重优美的风景、景观天际线、丰富的植物群落等视觉设计比重，辅以适合多人出游的路径规模与适合多人使用的空间设施，以此满足人们远距离来此进行高协同性休闲行为的游憩活动需求；而在商场附近的城市公园则需要更多前卫的设计、儿童娱乐性、空间安全性，以此来提供更多休闲类活动、亲子类活动的空间接触机会与服务功能。以此反推，就可以得出"为何大部分社区内植配美观景色怡人的小花园却总是无人问津？""为何人们总喜欢聚集在家楼下广场跳舞、下棋？"等诸多规划与设计中存在的问题的答案了。

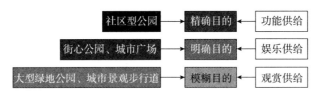

图5-18　不同类型公园的空间服务供给匹配关系

　　当游憩者处于不同类型公园的场所空间中时，具有不同程度的活动期望与参与目的，这需要提供相应的不同类型的空间服务供给侧重点。对于游憩参与者来说，距离居住地最近的社区型公园是他们每天生活所能接触到的空间，因此空间对个体产生的神秘感、娱乐与休闲体验、植物观赏性等服务供给已经无法再对个体产生更多的吸引力，个体对这类空间的最大需求在于空间接触的功能性，因此社区型公园的空间设计需要以"功能供给"为线索展开，才能满足人们对空间接触的期望，产生更多高质量的空间接触；在街心公园和城市广场类型的城市公园，则是以"娱乐供给"为主的设计原则，充分调动区域生活气氛，使不同社区邻里关系形成地域性认同，逐渐形成以发展城市公园文化为核心的地域性文化，形成更广泛的人地情感网络；对于大型绿地公园、城市景观步行道等距离社区相对最远的城市公园类型来说，"观赏供给"是能够最大限度地提高人们外出游憩期望的供给侧重点，对于打造城市公园文化，塑造城市整体名片具有非常重要的作用。

九、"城市人"理论与行为要素的结构关系

从三种不同类型的公园应当注重的建设侧重点来说（见图5-19），社区型公园应较为侧重个体的目的性，街心公园和城市广场更应侧重于个体的协同性，大型绿地公园、城市景观步行道则更应侧重个体行为的连续性表现。三个类型的城市公园也对应不同层次的城市使命：社区型公园——打造"15分钟生活圈"的高品质社区生活；街心公园、城市广场——以社区居民为联结的地区性认同与地域文化建构；大型绿地公园、城市景观步行道——魅力城市与城市名片。三种层次分别以三种不同格局的尺度展开，以不同的方法结构来应对复杂多变的城市规划，为高品质可持续生活需求的空间服务供给提供策略支撑。

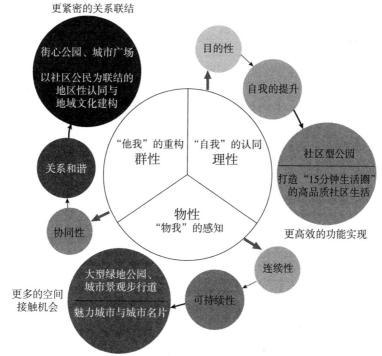

图5-19 从"城市人"理论要素到城市公园目标的结构转化过程
资料来源：笔者自绘。

第六章 | **理论假设的验证**

第一节　验证的主要内容及意义

根据"城市人"理论提出的游憩行为假设内容可分为两个部分：

第一假设：人们在城市公园中的游憩行为存在"自存/共存"的平衡价值，这种平衡价值在"人与空间接触"过程中表现为一种寻求"游憩价值"的行为，即权衡对游憩资源点进行接触所花费的成本和兴趣之间的比重；

第二假设：城市公园游憩资源的空间分布的"平衡"并不等同于"平均"，"平衡"是在对空间环境要素与行为主体要素两方面条件"权重"参考下体现的公平关系，即"游憩行为的价值"会随着"人事时空"四维度条件的变化而发生相应的改变。

根据两个假设的内容可知，验证假设的关键是验证城市公园中的游憩行为"是否存在主客体平衡关系的价值"，即对"自存/共存"价值的验证；二是验证城市公园中的游憩行为受到"人事时空"相关要素影响的结构关系，即对"平衡"与"平均"关系的验证。验证假设的意义主要有三点：

（1）证明游憩行为是否可以通过"城市人"理论来进行研究与分析，这对于城市公园游憩资源的规划与设计是一种全新的方法尝试。

（2）研究游憩行为的"价值"与"平衡"本身的因果结构关系，对于城市公园空间资源配置具有更符合人性化的依据，是构建城市空间"人性—人本—人文"的关键。

（3）通过假设的验证能够厘清游憩行为"自存/共存"与"人事时空"的相关要素影响机制，有利于城市公园游憩资源分配的合理规划与设计，并为实际的空间资源配置提供依据。

第二节　研究方法及步骤

一、研究方法

假设验证的是非标准量化的潜变量因果结构，其测量依据主要根据受访者的主观印象进行描述，最终产生的理论模型主要表现为影响因果关系，因此笔者选用结构方程模型（Structural Equation Model，SEM）作为主要研究方法。结构方程模型基于大样本数据，适用于研究心理感知、空间认知、行为习惯等难以准确测量的潜变量关系结构，同时能够处理多个因变量相互之间的关系。对游憩行为研究来说，结构方程模型是学界最常用的技术方法之一，经常被用于游憩满意度[304]、游憩空间感知、场所依恋、游憩动机等方面的研究，其研究结果主要是针对主客体相互作用对主观评价产生的影响关系。

二、研究步骤

根据"城市人"理论的"自存/共存"观点和"人事时空"结构方法进行对应内容的量表构建，从城市公园游憩行为的实地观察与分析中提取测量指标，转化为因果影响要素，构建理论因果模型。其过程主要分为四个部分：

（1）对假设内容的转译。通过假设的内容"自存/共存"和"人事时空"两个部分转化为主客体在行为事件上的因果影响关系。

（2）量表问卷部分。根据游憩行为主客体各方面要素在"自存/共存"和"人事时空"两个部分中的影响关系设计量表中的自变量、因变量结构，通过影响结构的逻辑关系对潜变量的表达进行修正，并通过相关统计学软件的信度与效度检验。

（3）因果关系构建。根据理论模型的实际因子载荷情况，整理并分析影响人们游憩行为"价值"与"平衡"判断标准的主次要素关系。

（4）验证假设。对结构方程模型因果关系分析与总结，通过主客体两方面构建的因果逻辑，对假设提出的"自存/共存"和"人事时空"在游憩行为中的"价值"与"平衡"进行验证。

第三节 第一假设的验证

一、假设内容的转译

1. 从"城市人"理论到游憩行为的假设转译

在游憩行为的"自存/共存"结构假设中提到，根据"城市人"理论可将人们在游憩中的"驱动—行动"路径分析转化为对其"自存/共存"价值的分析。通过"根据实际条件要素制定决策"到游憩行为的"根据实际条件要素产生游憩动机"的转译，"城市人"理论中的自我保存和与人共存二元结构也会相应从"生产与效率的衡量"与"自存与共存的利益衡量"到"空间接触的期望"与"实际空间接触的感受"，本质是"效率"与"利益"到"期望"与"感受"的转译。因此，验证"游憩行为存在自存与共存平衡关系价值"的第一个假设，在于构建游憩行为"期望"与"感受"的因果模型，通过因果模型中的对应要素关系，研究游憩行为产生的主观价值。

2. "自存/共存"二元结构的推演

城市公园中的游憩自存与共存的行为大致可以从行为主体的主客观两方面进行区分，而预期与结果也可以视为"期望"与"感受"在游憩自存行为与共存行为中发生的变化。这种变化产生的实质是"城市人"理论一元结构中承认"城市人的空间接触行为"客观性的基本原则，也是公园游憩行为中主体对客观物质接触所产生的"主观自存""客观自存""客观共存""主观共存"四个方面的判断原则（见图6-1）。

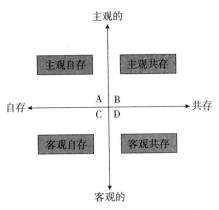

图6-1　二元结构假设的验证原则

"主观自存"与"主观共存"在行为对象与空间接触过程中的异化表现并未出现在物质空间中，而是存在于时间维度上对于接触过程的预期与反馈，"主观自存"是对事件开始前的预期评估与理想中的事件期望，对应在二元结构假设中的"空间接触的期望"。"主观的共存"也是自身对与他人共同接触空间中的利益评估，是一种对"自身与对方利益衡量"的结果反馈；"客观自存"与"客观共存"则是事件发生过程后的实际个体自身体验以及从个体到群体的接触体验，相对于"主观"，"客观"具有更强的环境耦合性，即关注"自存"与"共存"在空间范围内整体环境中发生的变化，因此更为强调接触对象在物质空间中产生的变化过程。

3. 二元结构的假设转译

虽然当前城市公园的规划与设计与以往相比有了质的飞跃，随着时代的进步与发展，日益细化的城市服务功能也对城市公园的游憩体验、区域管理、文化氛围等方面提出了更高的要求。因此，根据"城市人"理论中对于"人"与"物"的接触二元关系中的论述，可以将问卷大致分为"生理提升"与"心理提升"两方面内容。经过对现有城市公园中的实证研究分析，可以得到游憩行为个体的"生理体验"与"心理感知"两方面量表的设计依据。

二、实地调查

1. 问卷设计

游憩的本质是一种人对空间的接触过程，对游憩行为的研究是要寻求这一行为产生的因果价值，即人在接触过程中获得的改变与提升。根据上述推理，验证二元结构假设的主要构成线索是空间接触的时间推移过程，以时间轴线作为对象进行空间接触行为的基准，设计以"通过在公园中的游憩，你认为发生了哪些改变？"为主题的问卷调查。

在问卷调查中，提出了 17 个与游憩行为相关的具体问题，分别是代表"主观自存"的 A1~A6，即"您的身体状况是否提升？""您患病的概率是否降低？""您的患病状况是否好转？""对身体健康满意程度是否提高？""精神压力是否得到缓解？""心情愉悦的天数是否增加？"；代表"主观共存"的 B1~B3，即"和亲朋好友的关系是否更加和谐？""与同社区居民的熟悉度是否增加？""工作以外的人际交往频率是否增加？"；代表"客观自存"的 C1~C5，即"对周边社会环境的了解是否得到拓展？""对周边环境熟悉程度是否有提升？""对居住地满意程度是否有提升？""运动的意愿是否有提升？""对生活满意度是否有提升？"；代表"客观共存"的 D1~D3，即"是否更愿意成为志愿者，参与社区活动？""是否更愿意尝试融入他人？""是否对个人与城市的关系有了新的认识？"。17 个问题从身心健康、人际交往、社会评价、满意度等多个维度对游憩者进行提问，采用"根本没有""几乎没有""没感觉""有""有很多"构成李克特五级量表，分别对应从 1~5 分五个档次，并与具体各项问题的对应百分比值求积加总，算出每一项相对提升的数值，以反映"你认为发生了哪些改变"的问卷主题。根据问卷设计，最后一项得分 3 分为 1~5 分的平均值，表示该项"没有发生改变"，分值低于 3 分表示"变差了"，高于 3 分则表示"变好了"，分值越接近 5 分表示该项越好。

2. 发放问卷

通过对 72 座公园的实地调研观察，选择城市公园中人流量最大关注度最高的 1 号、55 号、71 号、30 号四个公园作为研究对象，于 2021 年 7 月至11月，3人一组分8组，选取10：00~11：00、16：00~18：00、17：00~19：00三个时间段实地随机发放调查问卷，共发放4004份，回收4000份，回收率99.90%，错填、漏填项共52个，全部按中间值"没感觉"项来计算，在所有样本中占比0.0076%。具体数值百分比结果如表6-1至表6-4所示，其中，高分值加粗表示（问卷详见附录1）。

表6-1　1号公园游憩行为对生活品质的提升

自身感受	根本没有（%）	几乎没有（%）	没感觉（%）	有（%）	有很多（%）	得分值（分）
A1. 您的身体状况是否提升？	1.8	5.7	36.7	42.6	13.2	3.506
A2. 您患病的概率是否降低？	2.2	17.0	49.5	24.8	6.5	3.164
A3. 您的患病状况是否好转？	3.5	12.3	65.1	12.4	6.7	3.047
A4. 对身体健康满意程度是否提高？	3.1	1.8	23.6	58.9	12.6	3.761
A5. 精神压力是否得到缓解？	1.4	2.1	5.9	75.6	13.5	**3.932**
A6. 心情愉悦的天数是否增加？	0.3	5.6	29.6	41.7	19.3	3.636
B1. 和亲朋好友的关系是否更加和谐？	2.8	12.5	45.7	32.3	6.7	3.276
B2. 与同社区居民的熟悉程度是否增加？	10.3	18.5	42.6	22.2	6.6	2.963
B3. 工作以外的人际交往频率是否增加？	2.5	19.4	39.6	37.7	0.8	3.149
C1. 对周边社会环境的了解是否得到拓展？	2.9	8.4	25.7	64.0	3.0	3.678
C2. 对周边环境熟悉程度是否有提升？	1.3	4.5	17.8	71.2	6.2	**3.795**
C3. 对居住地满意程度是否有提升？	1.9	7.4	12.6	54.7	23.4	**3.903**
C4. 运动的意愿是否有提升？	1.5	2.7	18.9	70.9	6.0	**3.772**
C5. 对生活满意度是否有提升？	0.1	1.1	15.6	58.3	24.9	**4.068**
D1. 是否更愿意成为志愿者，参与社区活动？	4.6	9.7	23.4	56.6	5.7	3.491
D2. 是否更愿意尝试融入他人？	2.3	11.7	47.4	30.5	8.1	3.304
D3. 是否对个人与城市的关系有了新的认识？	0.7	10.5	32.6	45.1	11.1	3.554

表 6-2　55 号公园游憩行为对生活品质的提升

自身感受	根本没有（%）	几乎没有（%）	没感觉（%）	有（%）	有很多（%）	得分值（分）
A1. 您的身体状况是否提升？	2.3	8.7	43.1	32.6	13.3	3.459
A2. 您患病的概率是否降低？	1.5	16.2	53.4	16.8	2.1	2.718
A3. 您的患病状况是否好转？	2.7	20.3	58.6	22.1	1.6	3.155
A4. 对身体健康满意程度是否提高？	3.4	7.2	38.7	44.5	6.2	3.429
A5. 精神压力是否得到缓解？	0.7	3.3	10.1	73.6	12.3	**3.935**
A6. 心情愉悦的天数是否增加？	1.6	6.4	14.7	57.8	19.5	**3.872**
B1. 和亲朋好友的关系是否更加和谐？	0.2	8.9	24.7	59.3	2.70	3.428
B2. 与同社区居民的熟悉度是否增加？	5.4	21.2	35.9	26.7	10.8	3.164
B3. 工作以外的人际交往频率是否增加？	4.1	5.7	38.2	33.6	18.4	3.565
C1. 对周边社会环境的了解是否得到拓展？	0.8	3.9	17.2	73.9	4.2	**3.768**
C2. 对周边环境熟悉程度是否有提升？	1.1	14.6	24.9	47.5	11.9	3.545
C3. 对居住地满意程度是否有提升？	0.7	6.1	18.8	58.5	15.9	**3.828**
C4. 运动的意愿是否有提升？	0.9	3.3	35.7	55.9	4.2	3.592
C5. 对生活满意度是否有提升？	0.6	7.2	13.1	42.6	36.5	**4.072**
D1. 是否更愿意成为志愿者，参与社区活动？	2.2	5.9	27.8	51.3	12.8	3.666
D2. 是否更愿意尝试融入他人？	1.5	6.6	24.5	57.6	9.8	3.676
D3. 是否对个人与城市的关系有了新的认识？	0.5	7.3	28.8	55.6	7.8	3.629

表 6-3　71 号公园游憩行为对生活品质的提升

自身感受	根本没有（%）	几乎没有（%）	没感觉（%）	有（%）	有很多（%）	得分值（分）
A1. 您的身体状况是否提升？	1.1	4.8	41.5	35.7	16.9	3.625
A2. 您患病的概率是否降低？	3.5	10.0	53.2	25.3	8.0	3.243
A3. 您的患病状况是否好转？	0.8	6.7	73.0	15.8	3.7	3.149
A4. 对身体健康满意程度是否提高？	2.4	7.5	52.2	28.7	9.2	3.348
A5. 精神压力是否得到缓解？	0.4	5.6	10.3	64.1	19.9	**3.984**
A6. 心情愉悦的天数是否增加？	1.2	8.2	25.8	57.8	7.0	3.612
B1. 和亲朋好友的关系是否更加和谐？	1.6	10.7	52.4	20.5	14.8	3.362

自身感受	根本没有（%）	几乎没有（%）	没感觉（%）	有（%）	有很多（%）	得分值（分）
B2. 与同社区居民的熟悉度是否增加？	9.9	18.0	59.3	8.7	4.1	2.791
B3. 工作以外的人际交往频率是否增加？	12.5	15.3	54.7	13.8	3.7	2.809
C1. 对周边社会环境的了解是否得到拓展？	3.6	14.9	33.4	32.0	16.1	3.421
C2. 对周边环境熟悉程度是否有提升？	0.7	6.2	14.5	71.9	6.7	**3.777**
C3. 对居住地满意程度是否有提升？	0.8	5.5	18.6	64.7	10.4	**3.784**
C4. 运动的意愿是否有提升？	1.8	6.6	8.9	73.0	9.7	**3.822**
C5. 对生活满意度是否有提升？	0	1.3	17.6	55.9	25.2	**4.050**
D1. 是否更愿意成为志愿者，参与社区活动？	0.6	12.6	18.7	62.6	5.5	3.598
D2. 是否更愿意尝试融入他人？	3.9	9.8	35.4	38.1	12.8	3.461
D3. 是否对个人与城市的关系有了新的认识？	1.7	8.2	46.3	31.9	11.9	3.441

表6-4　30号公园游憩行为对生活品质的提升

自身感受	根本没有（%）	几乎没有（%）	没感觉（%）	有（%）	有很多（%）	得分值（分）
A1. 您的身体状况是否提升？	1.5	3.7	36.2	38.8	19.8	3.717
A2. 您患病的概率是否降低？	1.9	7.8	65.3	14.6	10.4	3.238
A3. 您的患病状况是否好转？	0.5	2.6	78.3	17.9	0.7	3.157
A4. 对身体健康满意程度是否提高？	1.7	8.4	49.7	27.1	13.1	3.415
A5. 精神压力是否得到缓解？	1.3	6.6	21.7	40.2	30.2	**3.914**
A6. 心情愉悦的天数是否增加？	0.8	5.0	38.5	49.4	6.3	3.554
B1. 和亲朋好友的关系是否更加和谐？	2.7	12.4	50.9	18.3	15.7	3.311
B2. 与同社区居民的熟悉度是否增加？	4.7	22.5	44.8	26.9	1.1	2.972
B3. 工作以外的人际交往频率是否增加？	8.9	10.7	53.6	19.6	7.2	3.055
C1. 对周边社会环境的了解是否得到拓展？	2.4	8.8	47.3	31.2	10.3	3.382
C2. 对周边环境熟悉程度是否有提升？	1.1	7.8	13.6	66.6	10.9	**3.784**
C3. 对居住地满意程度是否有提升？	0.6	4.7	17.5	59.8	17.4	**3.887**
C4. 运动的意愿是否有提升？	0.9	7.4	32.3	33.1	26.3	**3.765**
C5. 对生活满意度是否有提升？	1.2	3.8	19.0	47.9	28.1	**3.979**

自身感受	根本没有（%）	几乎没有（%）	没感觉（%）	有（%）	有很多（%）	得分值（分）
D1. 是否更愿意成为志愿者，参与社区活动？	0.3	18.2	31.1	41.7	8.7	3.403
D2. 是否更愿意尝试融入他人？	4.4	11.2	37.3	30.5	16.6	3.437
D3. 是否对个人与城市的关系有了新的认识？	2.3	6.7	31.7	45.0	14.3	3.623

3. 调查结果与分析

从表6-1至表6-4可知，四个城市公园的得分值绝大部分指标达到3分以上，说明在这些指标中，公园游憩行为使人们的生活品质得到不同程度的提升。在这些指标中，得分值最高的普遍集中于A5、A6、C1、C2、C3、C4、C5七个指标，这些指标的内容分别是"精神压力是否得到缓解？""心情愉悦的天数是否增加？""对周边社会环境的了解是否得到拓展？""对周边环境熟悉程度是否有提升？""对居住地满意程度是否有提升？""运动的意愿是否有提升？""对生活满意度是否有提升？"在"城市人"理论的游憩行为二元结构假设中主要表现为"主观自存"和"客观自存"。

从图6-2可以看出，55号公园的A6、B2、B3分值要明显高于其他三个公园，说明55号公园在"心情愉悦的天数""与同社区居民的熟悉度""工作以外的人际交往频率"方面品质较高，在社会资源要素、人与空间接触方面具有高度"共存"的特性。55号公园得分值较低的位置主要在A2、C2、C4，说明55号公园在"患病概率降低""周边环境熟悉度""运动的意愿"三个方面的提升效果比其他三个公园要差，可能是因为作为老城区城市公园，55号公园本身的游憩参与群体以中老年为主，相较于其他三个公园，其老龄化比例较高，患病群体的基数较大，因此在"患病概率降低"中得分较低。

1号公园在A4得分显著高于其他三个公园，说明湿地公园营造出来的良好生态环境具有显著提升身体健康的功能，从地理位置和使用群体来看，人们的出行方式基本上以私家车为主，游憩参与群体更加年轻化，身体满意度自然也就比较高。龙湖地区副CBD是郑州市最近几年开发的新城区域，其功能配套、公交线路、城市地理资源还不完善，人口密度较小，因此对于游憩参与群体来说，来1号公园进行游憩有助于增加对该地区社

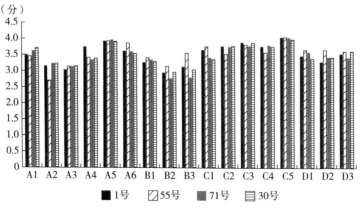

图6-2　公园对生活品质提升得分值对比

会环境的了解。

综合四个公园来看，高分值位于 A5、C3、C5，这说明人们从公园游憩中获得了精神压力的舒缓、居住地满意度、生活满意度三个方面的提升，在人们对城市公园品质的评价体系当中，"满意度"评价占据主要位置，对提升游憩品质具有重要的实证研究价值。在人与空间的接触过程中，这种接触关系通过游憩行为体验引起客观物质条件的变化，进而反馈于人的身上，使人的精神生活得到了满足。

三、二元结构的因果模型构建

1. 接触—过程—反馈三因子模型

为进一步探究二元结构假设中"自存"与"共存"两者之间的主客观因果关系，构建了城市公园对生活质量提升的因果模型，将 A、B、C、D 四个类型 17 个问题的名称从"主观自存""客观自存""主观共存""客观共存"转化为要素结构名称：A1～A6 为"身心健康"，B1～B3 为"社交关系"，A、B 所有指标设为自变量 X1～X9；C1～C5 为"行为环境认同"，D1～D3 为"社会环境认同"，将 C、D 设为因变量 Y1～Y8。根据三因子模型方差解释，运算结果为 72.25%（见表6-5）。总体假设模型表示"身心健康与社交关系作为基础条件，对行为环境认同和社会环境认同产

166

生影响"的因果关系模型，即满足"接触行为需求"与"接触过程反馈"的因果逻辑关系旋转后的成分矩阵如表6-6所示。

表6-5　三因子模型方差解释

组件	初始特征值			提取载荷平方和			旋转载荷平方和		
	总计	方差百分比（%）	累计百分比（%）	总计	方差百分比（%）	累计百分比（%）	总计	方差百分比（%）	累计百分比（%）
1	6.134	35.683	35.683	6.134	35.683	35.683	3.821	19.837	19.837
2	2.136	21.863	57.546	3.259	21.863	57.546	3.188	42.561	42.561
3	1.834	14.702	72.248	2.218	14.702	72.248	2.250	72.248	72.248
4	0.981	9.524	81.772						
5	0.758	6.796	88.568						
6	0.731	5.127	93.695						
7	0.627	3.345	97.040						
8	0.563	2.960	100.000						

注：提取方法：主成分分析法。

资料来源：笔者根据 SPSS 23.0 软件自绘。

表6-6　旋转后的因子成分矩阵

旋转后的成分矩阵[a]

	组件		
	1	2	3
Y1	0.156	0.285	0.648
Y2	0.209	0.358	0.721
Y3	0.346	0.231	0.754
Y4	0.703	0.297	0.214
Y5	0.812	0.163	0.262
Y6	0.158	0.679	0.185
Y7	0.179	0.685	0.272
Y8	0.207	0.764	0.065

注：提取方法：主成分分析法。

旋转方法：Kaiser 标准化最大方差法。

a 代表旋转在 14 次迭代后已收敛。

2. "接触行为需求"二因子模型

通过 SPSS 23.0 软件，对数据进行探索性因子分析、验证型因子分析，可得出数据在 RMR、GFI、AGFI、PGFI 均体现出模型较好的拟合优度（见表6-7）。将 17 个指标中的 A 和 B 作为因果模型的外生观测变量，C 和 D 作为内生潜变量，将 A1~A6 与 B1~B3 作为"身心健康"和"社交关系"的二因子模型并通过 KOM 与 Bartlett 球形检验。

表6-7　RMR、GFI 模型拟合优度检验

模型	RMR	GFI	AGFI	PGFI
默认模型	0.074	0.963	0.935	0.745
饱和模型	0.000	1.000		
模型独立性	0.166	0.878	0.848	0.828
零模型	0.178	0.000	0.000	0.000

资料来源：笔者根据 AMOS 22 软件自绘。

3. "公园提升生活品质"理论模型

在"公园对生活质量提升"因果模型中，身心健康与社交关系共同构成对生活质量提升的观测指标，对环境认同、生活积极性、社交积极性三个方面产生影响，与"城市人"理论中强调的"人性""物性"和"理性"三原则相符，以个体在城市公园中获得的生活质量提升为主要时空线索，从"身心健康""社交关系"与"环境认同""生活积极性""社交积极性"构成"空间接触需求"与"空间接触反馈"二元假设的理论模型（见图6-3）。

4. 因果模型测量结果

根据 AMOS 运算得出的测量方程（见图6-4）结果分析，对潜变量"环境认同"影响最大的因果关系来源于"社交关系"，达到了 0.62，"身心健康"对"环境认同"的影响仅为 0.49，显著性较低；"社交关系"与"身心健康"均对潜变量"生活积极性"的影响较大，分别为 0.74 和 0.75；对潜变量"社交积极性"影响最大的自变量是"社交关系"，"身心健康"的影响仅为 0.37，显著性较低。

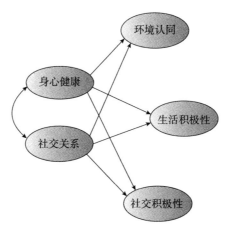

图 6-3　生活品质提升的二元假设理论模型

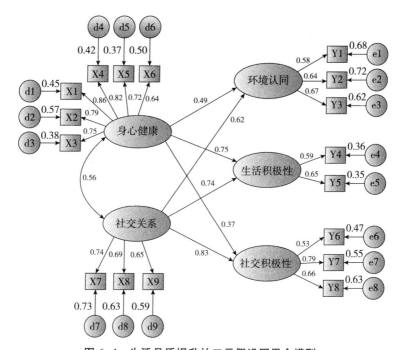

图 6-4　生活品质提升的二元假设因果全模型

注：e 是因变量的残差值；d 是自变量。

在自变量"身心健康"中，贡献度较大的测量指标是 X1 和 X4，分别是"您的身体状况是否提升？"和"对身体健康满意程度是否提高？"贡献数值达到了 0.86 和 0.82，这两个问题得分最高的公园分别是 30 号公园和 1 号公园；在自变量"社交关系"中贡献最大的测量指标是 X7，为"和亲朋好友的关系是否更加和谐？"贡献数值达到了 0.74，该问题得分值最高的公园是人民公园，为 3.428。

在因变量"环境认同"中，作用最大的是 Y3"对居住地满意程度是否有提升？"为 0.67；在因变量"生活积极性"中，作用最大的是 Y5"对生活满意度是否有提升？"为 0.65；在因变量"交往积极性"中，作用最大的是 Y7"是否更愿意尝试融入他人？"为 0.79。

四、模型结果分析

1. 游憩行为理论模型的分析

从"环境认同""生活积极性"和"社交积极性"三个游憩行为反馈方面的综合表现来看，"社交关系"比"身心健康"有更为显著的影响效果，说明城市公园在这两个方面使游憩参与者获得了较大的提升，但生活品质提升的潜力仍较多集中在社会交往方面。在城市公园建设中，设计者应加强对个体之间相互沟通和强化人际交往互动方面的内容设计，这将有助于提升城市公园游憩参与者的社交意愿，整体生活品质也将进一步提升。除此之外，"社交关系"对"社交积极性"的影响较大，"身心健康"对"生活积极性"的影响较大，符合基本常理认知；"社交关系"对"环境认可"的影响比"身心健康"要大，说明人们对外界环境的反馈主要来自外界的人际共存状态对自身态度的认叵。也就是说，如果一个环境质量较差，但在该环境与他人能够获得更为积极丰富的人际关系，那么这种人际关系实际上可以抵消一部分外界客观环境劣质的主观印象。这种人地情结反应主要体现在乡愁、孩提时代的情境认知等空间印象中。相较而言，"身心健康"和"社交关系"的测量标准取向不同，人们对"身心健康"的普遍认知是只要不生病、心理健全，就算是身心健康，即"保持普通人状态就好"的心理诉求，而人们对社交关系的追求实际上是一个没有上限的极限化追求，就是说"我可以获得更多的朋友和人脉资源"的普遍认知，这也符合国人对中国作为一个人情社会的社会文化基础认知。如果将

"身心健康"比作数字"1",那么"社交关系"就是数字"0",身心健康无疑是一切的根本和门槛,但后期能够获得更高函数增长的变量却是社交关系。对于生活品质的提升来说,相较于"身心健康","社交关系"无疑是更高等级的增长变量,这也符合马克思"人是一切社会关系的总和"的定义。

2. 游憩行为的"自存/共存"二元平衡价值

根据以上分析,城市公园中的游憩行为"自存/共存"二元平衡价值就是"身心健康"与"社交关系",分别体现了"自我保存"和"与人共存"的行为价值判断。

从"城市人"理论来说,人与空间的接触性质可以分为"人性""物性""群性"。首先是对自身自存显现的个体方面的追求,而在对于空间物体的接触过程中,实现了对空间的感知能力与理解力,进一步反馈到个体自身,实现了第一个循环的共存接触,即"人和物"的共存。而在"群性"中,则是表达出更高级别的个体与个体的共存反馈,在该关系结构中,"个体"与"个体"同时是接触反应过程中的主体要素,该循环为第二个共存接触,即"人和人"的共存(见图6-5)。城市人首先通过游憩行为与空间场所发生人与空间的接触,实现第一个共存现象,进而发生城市人与城市人之间通过空间活动场所进行的联结关系,实现在游憩空间内的扁平化简单关系,达成第二共存关系,整体运作机制对于社会空间内的复杂人际关系来说也是一种反馈作用,达到城市人在本结构中的理性实现。在本关系中,第一个"城市人"仍然是空间接触的主观方面,第二个"城市人"即"其他人"是该空间接触过程中的客观方面,在此接触过程中,主观需要得到客观的认同与肯定,主观需要与客观融为一体,得到更为广阔的接触可能,这也验证了"城市人"理论中对于"个体追求更为广阔的空间接触权力"和"个体对更大空间范围内的更多共存机会需求"的论述。该结果分析对于后期研究产生了一个结构上的解构依据,那就是从主观与客观方面将"空间场所内的游憩行为发生过程"分解为"空间资源"和"个体感知"两方面,通过空间资源与个体感知两方面的相关要素,得到信度与效度更高的游憩行为因果全模型。

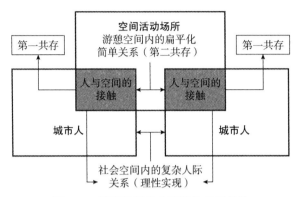

图 6-5　游憩空间的共存接触关系结构

3. 参照实际依据

从公园类型来说，人民公园具有明显的社区型公园特征，在社交亲和力、社交沟通方面的情境体现最佳，这也是其所处位置老城区带来的较强内源性社交关系网络导致的，从使用群体来分析，也说明年龄较大的游憩参与群体相较于年轻群体更容易发生社交型聚集活动。而对于"身体健康"来说，拥有更优质的设计规划、规模与天然空间接触环境的雕塑公园和龙湖湿地公园显然更具有强身健体的功效，相比社区型的人民公园，该类型城市公园显示出竞技类体育活动、群众性体育活动的类型特点，也验证了"根据个体的空间接触需求"为原则的城市公园分类方法。基于城市人的游憩行为需求，对于不同类型的城市公园，其功能特性不同，评价标准、设计原则、使用管理规范也会有所不同，相较于根据公园基质的传统绿地分类方法，基于城市人的城市公园分类方法更具有以人为本的特点，更贴近满足城市人提升生活品质的需求。

4. 根据模型推论

对于模型中的因变量总体综合表现来看，"居住地满意度""生活满意度""融入他人的意愿"分别是代表"环境认同""生活积极性""社交积极性"三个因变量的最大指标要素，实际上"融入他人的意愿"也间接说明了"社交的满意度"，也是一种对人际共存态度的认可，说明个体对质量提升的总体表现是一种基于满意度表达的情境认可，也可以说是一种复杂指标相互融合的地域性认同。这种地域性认同来自"人与空间接触的物质认同""人与空间接触的理念认同"和"人与空间接触的网络认同",充分对应"城市人"理论中的"物性""理性""群性",符合上述"城市人"理论游憩行为结构假设的三元模型,即"人与物的沟通""自我的沟通""人际沟通"。从研究方法来说,通过对模型中给出的"居住地满意度""生活满意度""社交的满意度"三要素进行解析,可以得到更为具体的观测指标,而详细的观测指标将更有可能衍生出模型内部细节变化的中介变量,对于进一步探究"城市人"理论的游憩行为结构模型具有重要的意义。

五、验证二元结构关系

从第一假设的验证结果可知,"社会交往"和"身体健康"是人们在公园中进行游憩行为的"与人共存"和"自我保存"的价值诉求,也可以解释为城市公园游憩行为的主要目的。通过公园提升生活品质模型,"社会交往"和"身体健康"表现为主体游憩行为外向型和内向型两方面的需求。根据"质量提升"的价值评价结果来判断,"社会交往"和"身体健康"分别对应主体与环境客体发生"接触作用"的客观评价与主观评价,因此"与人共存"和"自我保存"在"城市人"理论中是既对立又统一的二元结构关系:

1. "社会交往"和"身体健康"的统一性

在公园游憩行为过程中,"社会交往"的"物性""理性""群性"分别体现于行为主体对客观环境的感知程度、对他人行为评价的感知程度、对社交氛围的感知程度三个方面;"身体健康"的"物性""理性""群性"分别体现于行为主体对空间设施功能的认知程度、对个人行为影响的认知程度、对集体活动的认知程度三个方面。实际上,无论是"社会交往"还是"身体健康"在"物性""理性""群性"三方面的需求,都体现出"人性"在行为活动中的驱动作用。该结论符合"城市人"理论中以"人性"作为"自存/共存"普世价值平衡关系的衡量观点。

2. "社会交往"和"身体健康"的对立性

从"与人共存"和"自我保存"的对立性来说,游憩行为在城市公园空间中也存在"社会交往"和"身体健康"两方面的制衡点，比如公园中的活动拥挤感知所带来空间使用方面的权力争端；城市公园中的功能设施数量有限，也容易造成使用争端。因此，从游憩效果来评价，"社会交往"水平较高的城市公园可能存在"人流量过于庞大、噪声过于喧嚣"的既有印象；而"身体健康"水平较高的城市公园也可能存在"形式单一、缺乏人际交流互动"的普遍认知。对二者之间的对立性剖析能够更具有针对性的规避对立性，设计并提供更多"社会交往"和"身体健康"的游憩场所与游憩机会。

六、第一假设的验证结论

通过对"社会交往"和"身体健康"的结构特征分析，根据"城市人"理论的普世价值、"自存/共存"、价值的平衡性、"物性""理性""群性"多方面验证结果，公园提升生活品质模型满足了本书的第一假设验证所有条件，主要说明以下四点：

（1）城市公园中的游憩行为符合"城市人"理论"人与空间的接触作用"原则，也符合"城市人"理论倡导的普世价值原则，因此"自存/共存"的平衡价值适用于城市公园中的游憩行为价值研究，以"社会交往"和"身体健康"为主要价值可进行游憩行为"目的性""动机""满意度"的研究。

（2）在城市公园规划中，"社会交往"和"身体健康"是两个评价公园质量的重要因素，根据"公园提升生活品质"因果模型的影响效果可把控城市公园规划与设计的权重体系，其中，"社会交往"功能对于城市居民能够形成较大吸引力，因此要重视"社会交往"在城市公园建设与规划设计中的权重。

（3）"提升公园品质"所带来的"社会交往"与"身体健康"两个主观评价依据的客观支持均来自游憩主体对城市公园的熟悉程度，熟悉度可以为"社会交往"带来熟悉的社交对象与地域安全感，也可以为"身体健康"带来因熟悉而提高的功能使用便捷度。增加居民对城市公园的熟悉度，是城市公园规划与设计的重要课题。

（4）"社会交往"和"身体健康"是人们在城市公园中进行游憩行为的

普世价值，这种普世价值在游憩行为个体中具有普遍适用性与广泛性，因此城市空间便存在一种因"价值"实现普遍联系的服务网点结构，在日常人们游憩之前，会在"服务网点"中选择符合当下游憩预期目的的类型，以进行游憩行动。这种选择的依据也是建立"游憩网"理论的基础，即个体将城市公园视作一种城市功能性的服务网点，满足自身户外游憩行为需求。

第四节　第二假设的验证

一、"人事时空"四维度要素分解

如图6-6所示，在"城市人"理论的游憩行为四元结构假设中，在"自存"与"共存"关系平衡上的游憩行为参与者、游憩行为发生过程、游憩行为机会、游憩行为空间载体四个维度分别对应了"城市人"理论中提到的"在'自存'与'共存'关系平衡上的参与方或决策方""上班上学通勤等空间接触行为""决策发生的时机""决策事件发生的空间范围"在"人事时空"中的四元结构关系，实际上就是人与空间环境进行接触的四个基本维度。

对该结构进行解构，可以从"在自存与共存关系平衡上的游憩行为参与者"中得到游憩主体参与者（目的性参与者）、协同性参与者、连续性参与者三种个体身份，分别对应上述游憩行为要素结构中的目的性、协同性、连续性；从"游憩行为发生过程"可以得到发生时间、发生地点、体验结果、偏好反馈四个基本要素，对应按事件发生的时间先后顺序以及个体行为得到的经验和反馈；从"游憩行为的空间载体"中可以得到景观绿化、生活便利、空间规整、活动设施、活动空间五个基本要素；从"游憩行为机会"中可以得到空间感知、与他人关系感知、自身行为感知三个基本要素，对应个体在空间接触中的"物我"（空间中的自我）、"他我"、"自我"的三重关系（见图6-6）。

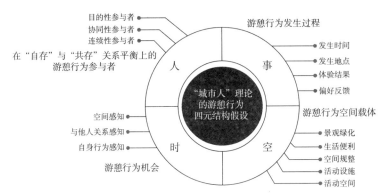

图 6-6 "城市人"理论的游憩行为四维度要素分解

结构方程模型的因果模型解析需要因变量和自变量，因此需要对"人事时空"进行事件发生的因果逻辑梳理（见图 6-7）。

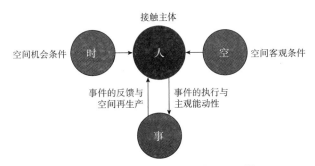

图 6-7 "人事时空"四维度因果逻辑

分别以"人事时空"四个维度相对应的结构要素为参考基准，设计量表问卷，具体得到三个部分的量表信息：样本的个人基本信息、样本个体对公园空间资源的评价量表、样本个体的空间感知评价（详见附录 3）。

二、问卷调查

1. 发放问卷

本次问卷调查持续时间从 2021 年 7 月 3 日至 2022 年 3 月 10 日，历时 9 个月，2 人为一组共计 68 人次，由于工程量太大，无法涵盖郑州市 72 个城市公园，故选择了其中 19 个公园进行问卷的实地发放。调查以小组分组形式发放问卷，于 17：00~18：00（春秋季）、16：00~17：40（冬季）、17：30~19：00（夏季）三个时间段进行发放，问卷全部采用现场发放、填写并回收的形式，共发放 2626 份问卷，回收 2626 份，回收率 100%。

将 19 个公园进行城市公园分类，4 个街心公园共发放 527 份、7 个城市广场共发放 955 份、3 个城市景观步行道共发放 187 份、5 个大型绿地公园共发放 957 份（见表 6-8）。通过量表中的个人基本信息进行样本的描述性统计，由于新冠疫情防控的社区相关管理规定，研究小组无法深入社区进行问卷调研，因此无法获得社区型公园的相关数据，故在本书中的问卷调查不显示社区型公园的分类。

表 6-8 19 个城市公园的问卷发放情况

街心公园		城市广场		城市景观步行道		大型绿地公园	
编号	问卷数（份）	编号	问卷数（份）	编号	问卷数（份）	编号	问卷数（份）
22	114	37	85	25	85	1	385
9	137	26	41	8	62	47	24
6	6	62	66	12	40	71	285
52	270	15	256			13	140
		55	318			2	123
		27	23				
		30	166				
合计	527		955		187		957

2. 样本描述统计

如表 6-9 所示，从样本描述性统计可知，本次抽样受试者在性别上基本趋于平衡状态，女性略多于男性；在政治面貌中群众数量远超党员数量，达到 72.6%；在四种类型的城市公园中，大型绿地公园的样本量最大，为 957 份，占比达 36.4%；在文化程度、家庭经济状况、月收入水平三个方面，样本趋于纺锤体的正态分布；在文化程度方面，本科占比最大，达到了 45.6%，在家庭经济状况的主观问题中，居民较为趋向"说得过去"和"基本小康";在"年龄"变量中,样本量在每个区间的数量差距并不是很大,主要集中在 30~40 岁和 40~50 岁两个范围;在家庭成员方面,一家三口占比达 33.1%,位于第一,说明这仍是中国城市家庭规模的主流模式,同时值得注意的是"一家多口"的样本量紧随其后也达到了 31.2%,说明二孩政策正逐渐影响城市家庭人口规模;值得一提的是,在"居住情况"量表中,"本地人"占比只有 46.9%,"外地人已定居"与"外地人未定居"的总和达到了 53.1%,说明郑州是一座不断吸纳外来人口的开放型城市。以这种空间接触背景来说,外地人需要得到更多来自城市公园人文关怀的包容性,这是城市公共空间设计的重要因素。

表 6-9　样本描述统计

项	类	频次	频率	项	类	频次	频率
性别	男	1201	45.7	政治面貌	党员	719	27.4
	女	1425	54.3		群众	1907	72.6
	合计	2626	100		合计	2626	100
公园类型	街心公园	527	20.0	文化程度	高中以下	353	13.4
	城市广场	955	36.3		大专	913	34.8
	城市景观步行道	187	7.1		本科	1198	45.6
	大型绿地公园	957	36.4		硕士	145	5.5
	合计	2626	100		博士	17	0.6
					合计	2626	100
婚姻	未婚	524	20	居住情况	本地人	1231	46.9
	已婚	2102	80		外地人未定居	630	24.0
	合计	2626	100		外地人已定居	765	29.1
					合计	2626	100
家庭经济状况	十分困难	46	1.8	月收入水平	没有收入	114	4.3
	说得过去	1130	43		3000 元以下	534	20.3
	基本小康	1376	52.4		3000~6000 元	1676	63.8
	富有	71	2.7		6000~10000 元	231	8.8
	非常富有	3	0.1		10000 元以上	71	2.7
	合计	2626	100		合计	2626	100

项	类	频次	频率	项	类	频次	频率
年龄	30 岁以下	486	18.5	社区内的家庭成员数	单身	254	9.7
	30~40 岁	698	26.2		两口	389	14.8
	40~50 岁	620	23.6		一家三口	869	33.1
	50~60 岁	468	17.8		一家多口	818	31.2
	60 岁以上	363	13.8		一家多代	296	11.3
	合计	2626	100		合计	2626	100

3. 变量统计结果

对"城市人"理论的游憩行为四元结构假设要素结构展开，从"健康与安全""功能与使用""公园空间要素""公园景观要素""公园活动的人文需求""公园活力与开放""使用对象的异质性""公园配套设施"等多方面变量进行整理和筛选，共确定公园空间资源的评价量表（X）、公园空间感知评价（Y）两部分共计52个变量（见表6-10、表6-11）。

表6-10 公园空间资源的评价量表调查结果占比分布　　　　单位:%

1~5分的分值所占比重（具体变量选项见附录3）					
	1分	2分	3分	4分	5分
X1. 您对该公园的绿色植物规模评价是	0.2	1.4	51.8	44.1	2.4
X2. 您觉得该公园中的绿化植物种类丰富吗	0.0	2.1	51.8	44.6	1.5
X3. 您认为该公园的植物修剪与保养水平如何	0.0	3.8	44.5	48.7	3.0
X4. 您对该公园在植物选择上的满意度如何	0.0	3.9	47.1	45.5	3.4
X5. 您认为该公园树木的覆盖率怎么样	0.1	3.2	58.7	34.5	3.5
X6. 您觉得来该公园的交通便利吗	0.2	3.2	38.7	42.8	15.2
X7. 您觉得在该公园中进行消费是否方便	1.0	7.8	38.1	47.3	5.9
X8. 您认为该公园在机动车管理方面做得怎么样	0.6	6.4	44.4	45.8	2.8
X9. 您认为该公园距离您家远吗	0.8	7.1	38.2	46.5	7.4
X10. 您觉得该公园的雨水收集情况处理得怎么样？	0.2	6.7	37.6	50.4	5.1
X11. 您认为该公园的总体设计怎么样	0.0	23.5	23.5	71.2	4.2
X12. 您觉得该公园内的步道规划是否合理？	0.0	1.6	28.6	67.7	2.1

续表

1~5 分的分值所占比重（具体变量选项见附录 3）	1 分	2 分	3 分	4 分	5 分
X13. 您认为该公园的停车位是否充足	2.1	25.2	38.2	33.0	1.6
X14. 您认为该公园的公共卫生状况如何	0.2	2.4	48.4	46.0	3.0
X15. 您认为该公园监控镜头数量是否足够	0.9	9.8	59.5	27.0	2.8
X16. 您认为该公园可供落座的地方是否足够	0.3	13.1	47.7	35.0	3.9
X17. 您认为该公园的健身设施齐全吗	1.7	12.4	43.1	39.8	3.1
X18. 您认为该公园中的避雨设施方便吗	2.4	15.1	52.1	27.7	2.7
X19. 您觉得该公园的广场面积是否充足	0.4	6.5	47.1	41.1	4.9
X20. 您认为该公园的亲子游乐设施是否充足	1.8	11.6	41.9	41.0	3.8
X21. 您觉得该公园的夜晚光照度是否充足	0.7	8.0	55.2	32.1	4.0
X22. 您觉得该公园中的老人活动设施安全吗	0.2	2.8	43.0	48.7	5.3
X23. 您觉得该公园中的儿童活动设施安全吗	0.2	3.1	42.1	50.1	4.5
X24. 您觉得该公园中的个人活动种类是否丰富	0.3	3.8	49.1	42.4	4.5
X25. 您觉得该公园中的儿童活动空间是否充足	0.2	4.2	40.4	51.2	4.0
X26. 请您对该公园公用洗手池的数量作出评价	0.4	5.0	42.2	48.4	4.0
X27. 请您对该公园公共厕所的数量做出评价	0.2	4.2	32.1	58.7	4.8
X28. 请您对该公园垃圾桶的数量做出评价	0.2	2.1	29.7	50.0	18.0
X29. 您觉得平时该公园热闹吗	0.1	0.7	33.9	60.4	4.9
X30. 您认为在该公园里买吃的喝的方便吗	1.6	3.7	33.2	51.6	9.8

表 6-11　公园空间感知评价量表的调查结果占比分布　　单位：%

1~5 分的分值所占比重（具体变量选项见附录 3）	1 分	2 分	3 分	4 分	5 分
Y1. 您在该公园内每次平均逗留时间是多久	2.4	29.1	45.4	18.9	4.1
Y2. 您接受陪您去该公园的是谁	5.8	22.1	35.9	25.9	10.2
Y3. 您认为该公园使您收获了知识吗	1.2	6.7	57.2	32.8	2.1
Y4. 您认为您在该公园中获得了足够的自信吗	1.0	6.1	62.7	28.3	1.8
Y5. 您在该公园内与他人的交流意愿是什么	0.9	7.4	56.8	32.2	2.7
Y6. 您认为该公园在您的生活中是不可或缺的吗	0.8	4.4	48.4	41.2	5.2
Y7. 您在该公园内愿意对他人进行帮助吗	0.8	2.7	12.4	79.9	4.2

1~5分的分值所占比重（具体变量选项见附录3）					
	1分	2分	3分	4分	5分
Y8. 您向该公园内他人获得帮助的期待是什么	1.0	4.0	27.7	64.3	3.0
Y9. 在该公园内您对儿童进行植物教育的意愿是怎样的	1.3	4.1	47.8	42.3	4.5
Y10. 您认为您在该公园里是从属于自然的一部分	0.4	4.7	51.5	37.1	6.3
Y11. 您认为该公园是否使您获得了更健康的身体	0.2	4.6	57.6	32.5	5.1
Y12. 您认为孩子们在该公园的活动积极性强吗	0.1	2.9	48.5	43.8	4.7
Y13. 您希望该公园内的其他人注意到您吗	1.5	10.1	52.7	34.4	1.2
Y14. 您希望在该公园中留下的公众印象是怎样的	0.6	9.9	37.8	48.6	3.0
Y15. 您认为该公园中的集体活动文化丰富吗	1.8	3.2	39.6	53.1	2.4
Y16. 您对该公园的集体活动参与意愿的积极性如何	0.8	4.4	43.7	48.1	3.0
Y17. 您认为该公园可以用来交朋友吗	1.6	2.6	40.3	51.9	3.6
Y18. 该公园让您获得更多个人兴趣爱好了吗	0.7	13.0	30.5	51.4	4.3
Y19. 您觉得该公园整体的历史文化性表现如何	1.1	13.8	14.0	66.3	4.8
Y20. 您给该公园的管理水平打分是多少	0.1	1.1	10.7	75.6	12.5
Y21. 您认为该公园在陌生人的安全威胁方面表现如何	0.2	1.3	16.1	49.9	32.6
Y22. 您认为在该公园里您是属于郑州的一部分吗	0.4	2.4	13.2	58.0	26.0

4. 变量统计的分析

在公园空间资源的评价量表 X1～X30 的问卷回答中可以看出，在 X28"请您对该公园垃圾桶的数量做出评价"的 5 分最高评价比重是最高的，达到 18.0%，这反映出公园的空间卫生管理水平基本得到普遍认可；其次是 X6"您觉得来该公园的交通便利吗"，达到了 15.2%，说明城市目前的交通通达能力在某种程度上是令人满意的，与此同时人们对于公园在交通道路网格的分布模式普遍较为满意。在得分最低的 1 分回答比重中最高的是 X18"您认为该公园中的避雨设施方便吗"，为 2.4%。此外，1 分回答比重在 X13"您认为该公园的停车位是否充足"中达到 2.1%，在 X20"您认为该公园的亲子游乐设施是否充足"达到 1.8%，在 X17"您认为该公园的健身设施齐全吗"中达到 1.7%，以及在同样较低分值的 2 分比重中，X13、X11、X18 的占比也分别达到 25.2%、23.5%、15.1%。实际上

X13、X11、X18、X17、X20 这些变量的问题描述都是关于公园内部设施功能与设计内容的，这说明目前使用者对公园某些细节功能的体验并不十分满意。

在个体对公园空间感知评价量表的调查结果中，则可知评价最低的 1 分比重最大的变量是 Y2 "您接受陪您去该公园的是谁"，该变量 1 分比重达到 5.8%，但该问题的选项是一个从 "自我" 到 "他我" 的社交关系不断扩大的选择范围，属于事实阐述类的问题变量，并不算一种 "直觉类" 的问题，因此与在 1 分比重同样很高的 Y1、Y15、Y17、Y13 相比不具备可比性。对于 Y1、Y15、Y17、Y13 分别产生的 2.4%、1.8%、1.6%、1.5%来说，这四个变量考察的其实是个体自身与公园其他个体环境的融入感。在 5 分区间范围内，比重最高的是 Y21、Y22、Y20，三个变量分别是 "您认为该公园在陌生人的安全威胁方面表现如何" "您认为在该公园里您是属于郑州的一部分吗" "您给该公园的管理水平打分是多少"，说明受访个体普遍认为公园内的安全感十足，对场所产生的新人主要还是来自安全管理方面，并且受访个体普遍对郑州市产生着较为浓厚的人地情感。

三、公园空间资源的五因子模型

1. 探索性因子分析 EFA

使用 SPSS 23.0 软件，将 X1~X30 共 30 个变量进行 KOM 和 Bartlett 球形检验，如图 6-8 所示。采用 SPSS 23.0 软件中的因子分析，分别提取四因子、五因子、六因子模型，最终研究选择支持五因子模型，根据凯撒正态化最大方差法，于 11 次达代后收敛，总方差解释如表 6-13 所示，旋转后的成分矩阵如表 6-14 所示。

2. KMO 与 Bartlett 球形检验

KMO（Kaiser-Meyer-Olkin）检验统计量是对原始变量之间的简相关系数和偏相关系数的相对大小进行检验，多用于多元统计的因子分析，计算公式为：

$$KMO = \frac{\sum \sum_{i \neq j} r_{ij}^2}{\sum \sum_{i \neq j} r_{ij}^2 + \sum \sum_{i \neq j} r_{ij \cdot 1, 2, \cdots, k}^2} \tag{6-1}$$

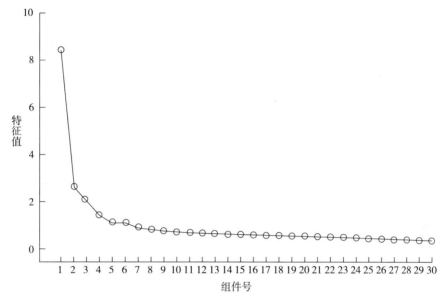

图 6-8 碎石图

KMO 的取值为 0~1，KMO 值越接近 1 表示变量之间的相关性越强，越适合做因子分析，KMO 越接近 0 则表示变量之间的相关性弱，不适合做因子分析。一般认为 KMO 在 0.9 以上表示非常适合，0.8 表示适合，0.7 表示一般，0.6 表示不太适合，0.5 以下表示极不适合。

KMO 取样适切性量数为 0.938，说明 Bartlett 球形检验在 p<0.001 的水平上具有显著性，检验近似卡方值为 27341.778，自由度为 435 则可以表示检验内容与测量结果较为一致，检验效度较高，适合做因子分析。

表 6-12 KOM 和 Bartlett 球形检验

KMO 和 Bartlett 球形检验		
KMO 取样适切性量数		0.938
Bartlett 球形检验	近似卡方	27341.778
	自由度	435
	显著性	0.000

3. 五因子模型检验

使用 SPSS 23.0 软件，对 X1～X30 共 30 个变量进行主成分分析，最终选择五因子模型，总方差解释为 51.824%（见表 6-13）。旋转后的成分矩阵如表 6-14 所示。

表 6-13　总方差解释

总方差解释

组件	初始特征值			提取载荷平方和			旋转载荷平方和		
	总计	方差百分比（%）	累计百分比（%）	总计	方差百分比（%）	累计百分比（%）	总计	方差百分比（%）	累计百分比（%）
1	8.427	28.089	28.089	8.427	28.089	28.089	4.182	13.941	13.941
2	2.582	8.606	36.696	2.582	8.606	36.696	3.267	10.890	24.831
3	2.039	6.797	43.492	2.039	6.797	43.492	3.084	10.281	35.112
4	1.415	4.717	48.210	1.415	4.717	48.210	2.605	8.684	43.795
5	1.084	3.614	51.824	1.084	3.614	51.824	2.409	8.028	51.824
6	1.061	3.537	55.361						
7	0.877	2.923	58.284						
8	0.825	2.749	61.033						
9	0.747	2.490	63.523						
10	0.697	2.322	65.845						
11	0.672	2.242	68.087						
12	0.663	2.210	70.297						
13	0.652	2.175	72.471						
14	0.630	2.099	74.570						
15	0.602	2.008	76.578						
16	0.587	1.958	78.536						
17	0.566	1.886	80.422						
18	0.542	1.806	82.228						
19	0.526	1.755	83.983						
20	0.514	1.713	85.696						
21	0.499	1.664	87.360						

总方差解释

组件	初始特征值			提取载荷平方和			旋转载荷平方和		
	总计	方差百分比（%）	累计百分比（%）	总计	方差百分比（%）	累计百分比（%）	总计	方差百分比（%）	累计百分比（%）
22	0.491	1.636	88.996						
23	0.476	1.586	90.582						
24	0.469	1.564	92.146						
25	0.429	1.429	93.574						
26	0.418	1.394	94.968						
27	0.407	1.357	96.325						
28	0.405	1.352	97.677						
29	0.357	1.191	98.868						
30	0.340	1.132	100.000						

注：提取方法：主成分分析法。

表 6-14 旋转后的成分矩阵

旋转后的成分矩阵[a]

变量	组件				
	1	2	3	4	5
X1	0.002	0.125	0.733	0.047	-0.060
X2	0.119	0.008	0.746	0.131	0.139
X3	0.218	-0.019	0.690	0.113	0.238
X4	0.244	0.112	0.517	0.095	0.336
X5	0.135	0.368	0.381	-0.251	0.383
X6	0.397	-0.238	0.236	0.216	0.461
X7	0.238	0.063	-0.054	0.471	0.558
X8	0.078	0.349	0.210	0.127	0.585
X9	0.343	0.059	-0.031	0.252	0.513
X10	0.202	0.048	0.280	-0.110	0.623
X11	0.013	0.044	0.451	0.341	0.265
X12	-0.099	0.168	0.146	-0.012	0.349

续表

变量	组件				
	1	2	3	4	5
X13	−0.078	0.759	−0.035	−0.088	0.144
X14	0.446	−0.001	0.428	0.145	0.222
X15	0.345	0.615	0.095	0.062	0.178
X16	0.508	0.414	0.047	−0.040	0.142
X17	0.658	0.286	−0.091	0.264	0.225
X18	0.427	0.589	−0.156	0.189	0.213
X19	0.639	0.148	0.223	0.043	0.193
X20	0.628	0.301	−0.088	0.297	0.213
X21	0.370	0.586	0.085	0.054	0.161
X22	0.639	0.067	0.240	0.178	0.008
X23	0.652	0.118	0.190	0.215	−0.012
X24	0.213	0.598	0.159	0.214	−0.028
X25	0.517	0.202	0.185	0.312	0.017
X26	0.037	0.576	0.159	0.434	−0.078
X27	0.203	0.236	0.207	0.626	0.070
X28	0.443	−0.219	0.264	0.515	0.115
X29	0.198	0.143	0.332	0.477	0.015
X30	0.303	0.035	0.017	0.706	0.091

旋转后的成分矩阵[a]

注：提取方法：主成分分析法。

旋转方法：Kaiser 标准化最大方差法。

a 代表旋转在 14 次迭代后已收敛。

确定因子个数后，按照"参照题目因子的负荷值命名"的原则，根据负荷值较高的题目及大部分题目的含义命名对公共因子进行命名：因子 1 包括 7 个问题：X16、X17、X19、X20、X22、X23、X25，主要涉及公园公共活动设施齐全度与使用评价，故命名为"功能设施"；因子 2 包括 6 个问题：X13、X15、X18、X21、X24、X26，主要涉及个体在使用公园过程中对其配套设施的体验，虽然 X24 并未直接对此进行评价，但可以将"人群活动种类的丰富"视作配套设施齐全的间接体现，故命名为"配套设施"；因子 3 包括 4 个问题：X1、X2、X3、X4，主要涉及游憩者对公园植被绿化以及绿色景观方面的体验，故命名为"景观绿化"；因子 4 包括 3 个问题：X27、X28、X30，主要涉及游憩者在公园中进行需求行为所必需的条件，故命名为"需求性设施"；因子 5 包括 3 个问题：X7、X8、X10，主要涉及游憩者对公园空间管理水平进行的评价，故命名为"空间管理水平"。

运用探索性因子分析 EFA 可知，五因子模型对总方差解释度为 51.824%，通过对量表问题的分析，将相关变量根据公园空间条件因素按照五因子模型可划分为"功能型设施""配套型设施""景观绿化""需求型设施""空间管理水平"，视为游憩参与者对公园进行空间接触所必需的五个潜变量。

4. Cronbach's α 系数信度检验

笔者采用 Cronbach's α 对五因子模型进行信度检验，该方法普遍用于因子检验，计算公式为：

$$\alpha = \frac{k}{k-1}\left(\frac{1 - \sum_{i=1}^{k} \alpha_{Y_i}^2}{\alpha_X^2}\right) \tag{6-2}$$

其中，k 为样本数，α_X^2 为总样本的方差，$\alpha_{Y_i}^2$ 为目前观测样本的方差。在个案处理的摘要中显示本书共有 2626 例数据，没有缺失值，总样本量为 2626 例（见表 6-15）。由表可知本书中的 30 个变量的 Cronbach's α 系数值为 0.907（见表 6-16），说明 30 个变量具有相当高的内在一致性。一般来说一致程度与测量内容有关，Cronbach's α 系数越大则表示一致性越强，普遍认为 Cronbach's α 系数值大于 0.7，是可以被认可的一致性较优的检验结果。

表 6-15　个案处理摘要

个案	有效	2626	100.0%
	除外[a]	0	0.0%
	总计	2626	100.0%

注：a 代表基于过程中所有变量的成列删除。

表 6-16　Cronbach's α 系数信度检验

可靠性统计		
Cronbach's α 系数	基于标准化项目的 Cronbach's α 系数	项数
0.907	0.907	30

四、公园空间感知的三因子模型

运用 SPSS 23.0 软件，在邻里社会资本的因子分析中，研究进行了三因子、四因子和五因子模型的尝试，最终在模型选择上本书选择支持三因子模型，即支持"人文吸引力""空间归属感""空间信任感"作为个体对公园空间感知的三个潜变量（见表 6-17）。因子 1 是"人文吸引力"，包含 Y13、Y14、Y15、Y16、Y17、Y18、Y19 七个问题；因子 2 是"空间归属感"，包含 Y4、Y6、Y10、Y11 四个问题；因子 3 是"空间信任感"，包含 Y8、Y21、Y22 三个问题。由表 6-18 可知，三因子模型对总方差变异解释度为 44.354%。

表 6-17　旋转后的成分矩阵

旋转后的成分矩阵[a]			
变量	组件		
	1	2	3
Y1	−0.215	0.472	0.204
Y2	0.220	0.414	0.171
Y3	0.338	0.476	0.094
Y4	0.368	0.553	0.056
Y5	0.397	0.524	0.014
Y6	0.264	0.613	0.036
Y7	−0.029	0.416	0.283
Y8	0.220	0.301	0.386
Y9	0.359	0.546	0.022

续表

旋转后的成分矩阵[a]

变量	组件		
	1	2	3
Y10	0.340	0.639	−0.085
Y11	0.232	0.569	0.003
Y12	0.319	0.551	−0.062
Y13	0.677	0.117	0.127
Y14	0.713	0.128	0.080
Y15	0.555	0.182	0.187
Y16	0.555	0.303	0.117
Y17	0.726	0.163	0.083
Y18	0.784	0.167	−0.118
Y19	0.744	0.110	−0.041
Y20	0.383	0.226	0.374
Y21	−0.002	−0.084	0.813
Y22	0.096	0.060	0.792

注：提取方法：主成分分析法。

旋转方法：Kaiser 标准化最大方差法。

a 代表旋转在 6 次迭代后已收敛。

表 6-18　总方差解释

总方差解释

组件	初始特征值			提取载荷平方和			旋转载荷平方和		
	总计	方差百分比（%）	累计百分比（%）	总计	方差百分比（%）	累计百分比（%）	总计	方差百分比（%）	累计百分比（%）
1	6.316	28.708	28.708	6.316	28.708	28.708	4.454	20.245	20.245
2	1.866	8.483	37.191	1.866	8.483	37.191	3.457	15.714	35.960
3	1.576	7.163	44.354	1.576	7.163	44.354	1.847	8.394	44.354
4	1.309	5.949	50.303						
5	1.192	5.419	55.722						
6	1.032	4.691	60.412						

续表

总方差解释

组件	初始特征值			提取载荷平方和			旋转载荷平方和		
	总计	方差百分比（%）	累计百分比（%）	总计	方差百分比（%）	累计百分比（%）	总计	方差百分比（%）	累计百分比（%）
7	0.820	3.729	64.141						
8	0.759	3.452	67.593						
9	0.711	3.230	70.823						
10	0.647	2.941	73.764						
11	0.601	2.733	76.497						
12	0.588	2.674	79.171						
13	0.570	2.591	81.762						
14	0.541	2.458	84.220						
15	0.513	2.331	86.551						
16	0.487	2.215	88.766						
17	0.456	2.071	90.837						
18	0.445	2.021	92.859						
19	0.443	2.013	94.872						
20	0.418	1.901	96.773						
21	0.393	1.787	98.560						
22	0.317	1.440	100.000						

注：提取方法：主成分分析法。

五、公园资源对公园空间感知的因果全模型

1. 理论模型

在"城市人"理论中，个体对公园空间的感知说明了在空间接触行为中，空间场所对个体造成的非量化性的心理反馈，这种反馈直接作用在个体今后对空间进行接触行为动机上，形成了空间要素的再生产作用。分析地域安全感、人文吸引力、空间归属感的影响因素，探究公园空间资源的

客观制约因素，对应人与空间接触的游憩行为结构因果模型，设计了本次研究的整体方案。通过量表设计中的公园空间感知的 22 个变量的因子分析，提取 3 个公因子。根据研究方案构建结构方程模型——因果模型进行检验，构建 3 个潜变量，把"功能性设施""配套型设施""景观绿化""需求性设施""空间管理水平"五维度模型作为"城市人"理论的游憩行为结构因果模型的自变量，分析其对因变量"人文吸引力""空间归属感""空间信任感"的作用。理论模型如图 6-9 所示。

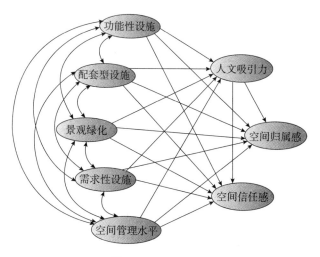

图 6-9 理论模型

2. 因果全模型

根据 AMOS 生成的理论模型基础，导入 SPSS 的 sav 数据，生成因果全模型（见图 6-10），并通过了 AMOS 的 RMR、GFI、AGFI、PGFI 模型拟合优度检验（见表 6-19），说明"功能性设施""配套型设施""景观绿化""需求性设施""空间管理水平"与"人文吸引力""空间归属感""空间信任感"组成的因果模型在信度与效度上均具有较高的表现水平。

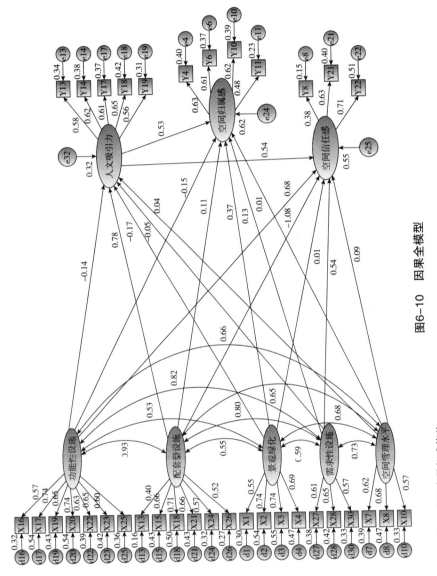

图6-10　因果全模型

注：e是因变量的残值差。

表 6-19　RMR、GFI、AGFI、PGFI 模型拟合优度检验

模型	RMR	GFI	AGFI	PGFI
默认模型	0.060	0.926	0.912	0.783
饱和模型	0.000	1.000		
模型独立性	0.138	0.866	0.858	0.818
零模型	0.172	0.000	0.000	0.000

六、测量方程自变量因子结果

（1）对潜变量"功能性设施"影响作用最大的是 X17 和 X20，即"公园的健身设施"与"公园亲子游乐设施"，均达到了 0.74 的相关系数。

（2）对潜变量"配套型设施"影响作用最大的是 X18"公园中的避雨设施是否够用"，相关系数为 0.71。

（3）对潜变量"景观绿化"影响作用最大的是 X2"公园中的绿化植物种类是否丰富"和 X3"公园中的植物保养与修剪水平"，相关系数均为 0.74。

（4）对潜变量"需求性设施"影响作用最大的是 X28"公园中的垃圾桶数量是否够用"，相关系数为 0.65。

（5）对潜变量"空间管理水平"影响作用最大的是 X8"公园在机动车管理方面水平如何"，相关系数为 0.68。

七、结构方程结果分析

（1）由因果全模型分析可知，对三个结果"人文吸引力""空间归属感""空间信任感"影响最大的潜变量分别是"配套型设施""景观绿化""功能性设施"，其相关因子载荷分别为 0.78、037、0.68，其中"景观绿化"虽然对"空间归属感"的贡献值最高，但其数值仍然只有 0.37，因此判断为相关但不显著。

（2）在因果全模型中，"人文吸引力"对于"空间归属感"与"空间

193

信任感"的相关因子载荷系数较高，分别达到了0.53和0.54，因此可作为该结构方程模型中的中介变量，对于从公园空间资源五要素到公园空间感知三因子的因果结构分析中起到中介作用，即获得"空间归属感"与"空间信任感"需要通过增强"人文吸引力"来实现。但是"功能性设施"是唯一可以直接越过该中介变量，直接实现对"空间信任感"最为显著的相关影响作用，足见"功能性设施"在该因果模型中的关键作用；"配套型设施"对"人文吸引力"也造成了0.78的最高相关因子载荷，对"空间信任感"也起到了间接影响作用。

（3）对于其他潜变量的相关性而言，对"空间信任感"相关系数第二高的潜变量是"需求性设施"，达到了0.54，系数表现显著，这说明"需求性设施"对"空间信任感"同样具有显著的正向影响作用。

（4）针对本书第一章中提出的城市公园有待加强的"社会交往功能"与"服务质量"，本模型给出了"配套型设施"与"功能性设施"的设计与规划策略方向，即"完善、提升配套设施并注重城市公园的功能性设施有助于增加社会交往功能与提升公园服务质量"。

八、因果全模型结论

该结构方程模型是建立在"城市人"理论的游憩行为四元假设模型基础上的因果模型，创造了"城市人"理论在城市公园游憩行为中的理论模型。该模型说明了在"人事时空"四维度的基本结构下，通过个体游憩行为的体验与反馈，得到公园空间资源对个体公园空间感知的因果结构模型。将自变量"公园空间资源"分解为"功能性设施""配套型设施""景观绿化""需求性设施""空间管理水平"五因子模型，"个体的公园空间感知"分为"人文吸引力""空间归属感""空间信任感"三因子模型，这也符合"城市人"理论中对于个体对空间接触的基本条件要素判断（见图6-11）。

通过结构方程模型的因果模型结果，说明对于个体的公园空间感知而言，"功能性设施"和"配套型设施"是影响最大的两个因素。

（1）从观测变量来说，"公园中的健身设施"与"公园中亲子游乐设

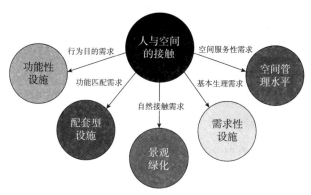

图 6-11 空间接触需求对应下的公园空间资源五因子模型

施"是造成空间信任感的两个主要指标，同时这两个指标也说明目前公园中主要的使用群体以及其侧重的方面，通过之前的调查研究，公园中的主要年龄群体为中老年与儿童，而健身设施与亲子游乐设施属于老少皆宜的公园设施，恰好包括这两个主要的年龄人群，无论是公园中的健身设施还是公园中的亲子游乐设施，都是承载公园内体力活动较大的游憩行为载体。人们在健身设施和游乐设施中，能够体验到丰富的公园活动种类，同时也最大限度地满足了公园中的游憩行为娱乐体验与健身活动的需求，对于个体的行为来说，设施具有一定的引导性作用，通过使用功能让不同的人聚集在一个区域，这就为多人互动与空间交往创造了有利的条件，以此来提升个体对空间的信任感。

（2）"配套型设施"对"人文吸引力"的影响系数最高，在观测变量中为"公园中的避雨设施是否够用"，这说明避雨设施是人们普遍认为最基础的配套型设施。同时，该结果也说明代表"配套型设施"的摄像头、停车位、洗手池等设施的齐全性在公园中的现状基本得到了人们的认可，这也是一种对当前城市公园品质的肯定。但是结合之前对该项进行打分的得分数值来看，"您认为公园中的避雨设施是否够用"得分结果在 1 分区间（1 分为"根本没有"）中的为 30 个观测变量中比例最高，达到 2.4%，说明相当一部分人认为一些城市公园根本没有避雨设施，这也反映出当前郑州一些城市公园在配套型设施建设上存在的问题。配套型设施是最能集中反映公园空间从"游憩体验者"考虑出发的人文关怀，也是城市公园"能否留住游憩者，使其成为回头客"的关键所在。

（3）对于"需求性设施"而言，则是前文提到公园中对个体提供"需求行为"的设施，需求行为主要指买吃的喝的、简餐、上洗手间等满足个体生理性基本需求的行为，属于个体在公园空间中进行游憩活动的"无目的性"行为。从结构方程模型的运算结果来看，"需求性设施"对"空间信任感"的相关性因子载荷为0.54，达到显著水平。从观测变量来说，"洗手间的数量""垃圾桶的数量""买吃的喝的"都属于需求行为必需的空间设施，其中"垃圾桶数量"在5分（5分为"非常充足"）获得了18%的最高比例，是所有问题中获得评价最高的变量，这也说明当前城市公园普遍较高的设施匹配水准。而数量充足的"需求性设施"更是个体进行长时间游憩空间体验的基础，"洗手间数量""垃圾桶数量""买吃的喝的"这些都能为个体提供更为持久的游憩活动"续航"可能，这也使个体对空间能够有充足的游览时间与更大范围的游览范围，这就进一步增加了对空间的熟悉程度，进而产生信任，而这种信任又转而形成一种对城市公园背后的载体——城市的信任。

九、第二假设的验证分析与结论

1. "人"的客观统一性

通过本章第四节线上调查内容可知，行为个体对行为选择的"去场所"偏好具有统一的适用性，这主要体现于对空间可达性、游憩行为内容、游憩持续时间三个主要方面。这说明对"人事时空"中的"人"具有客观统一性，即满足"城市人"理论对于人的"自存/共存"普世价值客观性的条件。

2. "时"的个体认知差异

根据空间接触需求对应下的公园空间资源五因子模型可知，"时"存在的个体差异主要表现为行为个体对具体多样化的空间感知度、熟悉度、功能认知、情感认知等多方面客观要素的反馈信息差异。在"人事时空"的四维度假设验证中出现第一个差异性，说明该模型结论与第三章理论假设中的命题（a）相吻合。

3. "空"的客观条件相关性

从"人事时空"四维度假设验证因果模型可知，"空"维度在配套型设施对人文吸引力的影响、功能性设施对空间信任感两方面最为显著，说明设施与资源的客观条件对主观反馈具有因果相关性。

4. "事"的一般性逻辑推理

根据上述"人""时""空"的一般性逻辑推理，以"人"的客观统一性为分析基础，"时"表现出的空间认知、感知、情感的差异性与"空"的因果相关性为分析条件，"事"所代表的游憩体验与游憩偏好必然产生个体行为差异，即在因果模型的客观统一性方面存在具体条件差异的多样性。

综上所有分析条件，"人事时空"的四维度验证结果与第三章理论假设中的命题（b）不吻合，即"游憩资源分布的不平衡"并非"游憩资源的不平均"。这说明假设推演的结构对于"城市人"理论"自存/共存"普世价值的观点与"人事时空"四维度方法模型同样适用，证明城市公园中的游憩行为及其产生机制与"城市人"理论提及的"理性选择聚居追求空间接触"和"花最小力气进行空间接触"观点相吻合。

第七章 | 城市公园规划设计策略

根据郑州城市公园空间分布格局与游憩资源分布格局，从宏观、中观、微观三个层次提出城市公园规划设计策略，主要解决"游憩资源与人口规模分布的匹配不平衡""游憩资源质量与服务供给不平衡"以及"社交功能"和"游憩体验"等方面的问题。

第一节　游憩资源点优化建议

根据上述分析，体育运动类资源和便利服务类资源是城市公园中的短板，是表现最差的两种游憩资源类型。这反映出城市公园在规划与设计上的两个问题：一是代表游憩个体行为的行为目的、行为计划、行为偏好、行为动机被规划与设计方忽略，城市公园游憩资源内容缺少对行为个体多层次游憩机会的吸引力，进而造成城市公园对游憩行为个体的主观吸引力降低；二是城市公园的空间管理运营方面缺乏对城市公园游憩体验品质的把控，往往为了便于管理而舍弃城市公园建成后市场开发的可持续能力与消费带来的细节品质提升，从客观上造成城市公园的游憩资源条件不足。

从研究的问题"游憩资源与人口规模分布的不平衡"来说，这种不平衡与不匹配的现象主要体现于资源点数量、覆盖范围、可达性三个方面。因此，以72个现有城市公园为空间载体，针对体育运动类、便利服务类两种游憩资源类型从资源点数量、覆盖范围、可达性三个方面提出对城市公园资源点的优化建议。

根据前文研究结果，健身活动类和体育运动类资源点对应的年龄群体更为年轻。因此，城市公园空间游憩资源中的体育运动类资源对于青少年群体的吸引力最大。青少年群体对于一个城市的建设与发展的重要性不言而喻，城市公园的游憩活动资源能够为青少年提供更多的户外游憩机会，创造更多人地情感联系与地方人文价值。

一、体育类资源点的优化建议

从数量分布来说，体育运动类资源是六种游憩资源类型中最少的，主要分布于金水路沿线与东西三环两侧，对应公园组主要为47、1、市中心公园组（包括55、15、52等）。根据图7-1对体育运动类资源点数量的分析可知，体育运动类资源在城市空间中东西两侧分布较多，而南北分布较少。

图7-1　体育运动类游憩资源在72个城市公园中的分布情况

1. 增加三环到四环中间范围的资源点数量

建议增加图7-2四个浅灰色区域公园中的体育运动类资源设施。其中，在北部浅灰色区域中没有城市公园，应当建设具有此类型资源的城市公园，弥补该区域在空间游憩资源上的缺失；在西部、南部、东部三个浅灰色区域中，主要以51、13为载体，增加体育运动类资源点的建设。

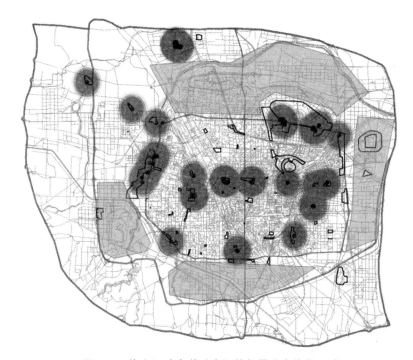

图 7-2 体育运动类游憩资源的数量分布优化区域

在四个区域体育运动资源类型的内容选择上，由于四个区域均处于城市三环以外的地区，用地成本相对较小，服务覆盖面较大。因此，建议在四个区域中的优化策略中选择占地面积较大的运动场类型，比如篮球场、足球场、环形跑道、体育馆等大型体育运动设施，在提供专业性场地的同时，体育运动方式与类型的受众面也较为广泛，空间容积率也更大。

2. 优化城中心体育类资源点结构

建议在图 7-3 浅灰色区域中的城市公园中增加体育运动类资源点，主要包括 22、9、16、3、4、5、6、32、58、54、42、59、60。

两个浅灰色区域中所显示的城市空间位于市区靠近市中心位置，用地成本较高，城市可用空间也相对较少，因此在体育运动类资源内容选择上，主要以乒乓球桌、羽毛球场、滑板池、篮球场等中小型体育设施类为主，在优化游憩资源点空间服务范围的同时兼顾现有场地因素。

图7-3 体育运动类游憩资源的覆盖范围优化区域

3. 加强交通环线资源点之间的连通性

建议增加图7-4中浅灰色区域中体育运动类资源点的建设。其中包括12、65、68、35、36、40、38、42、48、9、23、16。此外，在北三环、三环东南角两个浅灰色区域显示没有城市公园，可以在这两个区域的城市公共空间直接增加体育运动类资源，弥补空间资源点的连通性。

由于三环、农业快速路、紫荆山路的交通结构与空间基质属性各有不同，因此在体育运动类型的内容方面需要具体问题具体分析，结合当地的情况，尽可能地在规模较大的公园中建设中大型体育运动类设施，在规模较小的公园中选择受众面较广的体育运动类设施。

4. 注重资源内容与城市公园的匹配

根据体育运动类资源的居住依赖性、场所依赖性、交通依赖性设计体育运动类资源与城市公园匹配对照表（见表7-1），居住依赖性表示活动

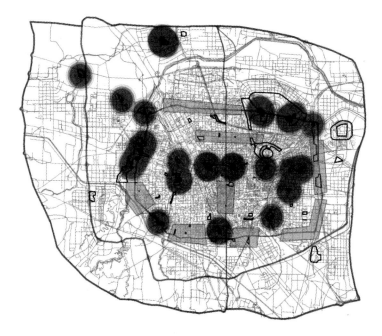

图7-4　体育运动类游憩资源的可达性优化区域

内容对居住地距离的关系强弱程度；场所依赖性表示活动内容对场所条件、设施专门化以及空间功能性的依赖程度；交通依赖性表示满足该活动所需要的交通工具支持程度。

表7-1　体育运动类资源与城市公园的匹配对照

资源内容名称	可匹配城市公园（编号）	主要服务群体	居住依赖性	场所依赖性	交通依赖性
乒乓球桌	郑州植物园（51）、龙子湖公园（13）、绿荫公园（22）、文博广场（9）、龙湖外环公园（16）、CBD公园组、净秀公园（32）、序园（58）、儿童公园（54）、商城遗址公园（42）、逸心公园（59）、航海公园（60）、高铁公园（12）、云祥园（65）、西吴河科普公园（68）、郑新公园（67）、嵩岳公园（54）、长江公园（36）、绿城公园（37）、街心公园（38）、法治公园（48）、关虎屯游园（23）	全年龄	高	低	低

资源内容名称	可匹配城市公园（编号）	主要服务群体	居住依赖性	场所依赖性	交通依赖性
羽毛球场	郑州植物园（57）、龙子湖公园（13）、绿荫公园（22）、文博广场（9）、龙湖外环公园（16）、CBD 公园组、净秀公园（32）、序园（58）、儿童公园（54）、商城遗址公园（42）、逸心公园（59）、航海公园（60）、高铁公园（12）、云祥园（65）、西吴河科普公园（68）、嵩岳公园（35）、绿城公园（37）、街心公园（38）	少年、青年、中年	高	低	低
滑板池	龙子湖公园（13）、绿荫公园、龙湖外环公园（16）、CBD 公园组、西吴河科普公园（68）	少年、青年	中	高	中
门球场	郑州植物园（57）、龙子湖公园（13）、绿荫公园（22）、净秀公园（32）、航海公园（60）	中年、老年	高	高	中
小型足球场	龙子湖公园（13）、龙湖外环公园（16）、CBD 公园组、高铁公园（12）、西吴河科普公园（68）	少年、青年	中	中	中
篮球场	龙子湖公园（13）、龙湖外环公园（16）、CBD 公园组、高铁公园（12）	少年、青年、中年	中	中	中
溜冰场	龙子湖公园（13）、航海公园（60）、高铁公园（12）、西吴河科普公园（68）、龙湖外环公园（16）	儿童、少年、青年	低	高	高
网球场	龙子湖公园（13）、高铁公园（12）、云祥园（65）、龙湖外环公园（16）	少年、青年	低	高	高
体育馆	龙子湖公园（13）、龙湖外环公园（16）、高铁公园（12）	全年龄	低	高	低
跑道	郑州植物园、龙子湖公园（13）、龙湖外环公园（16）、高铁公园（12）	全年龄	高	低	低
足球场	龙湖外环公园（16）、高铁公园（12）	少年、青年	低	高	高
体育场	高铁公园（12）	全年龄	低	中	中
划船基地	龙子湖公园（13）	少年、青年、中年	低	高	高

从资源类型的丰富程度来看，龙子湖公园（1）、高铁公园（12）、龙湖外环公园（16）等具有较高的体育运动类资源建设价值；从资源点数量分布、覆盖范围、可达性三个方面的适配性来说，文博广场（9）、商城遗址公园（42）、龙湖外环公园（16）、法治公园（48）表现出较高的建设价值，其体育运动类资源的优化对于城市公园在城市空间整体的布局有较为重要的作用。

二、便利服务类资源点的优化建议

通过 POI 数据爬取可知，便利服务类资源在城市空间中具有 270 个资源点，数量并不少。但是由图 7-5 可知，270 个便利服务类资源点大部分集中于 3、4、5、6、7、15、16、18、19、30、35、36、37、38、40、41、42、43、44、45、47、52、53、54、56、57、58 等公园构成的区域，整体空间分布差异化较大，平均程度较低，分布也极为不均。

图 7-5　便利服务类游憩资源的分布情况

从功能上来说，便利服务类资源与配套资源类似，对于户外游憩资源提供多方面的活动类型支持，但与配套资源不同的是，便利服务类资源主要以个体自由消费为价值关系的纽带。资源点的内容类型包括公园中的超市、便利商店、自动贩卖机、无人售货屋等消费性服务资源点，其作用是对城市公园中的游憩个体提供吃、喝、玩、乐所需要的物质类支持。对于游憩行为来说，便利服务类资源能够以消费服务实现游憩个体对公园户外游憩行为的"长续航"需求，提升户外游憩的后市场开发价值，并以此丰富游憩体验，提高游憩质量。因此，以便利服务类资源与其所属的城市公园规模作为主要依据，提出资源点数量、覆盖范围、可达性的优化建议。

1. 注重城市公园与游憩资源的规模匹配关系

建议增加图 7-6 中的资源点。东北部的 1 号公园东部、12 号公园北部以及最南端的 71 号公园占地规模较大，人们在这类型公园（大型综合类城市公园）的游憩时间一般较长，从游憩的时空跨度需求来说，应当增加这些公园中的便利服务类资源，根据公园的占地规模来规划便利服务类资源的数量，提供更高质量的游憩体验。

图 7-6　便利服务类游憩资源的数量分布优化区域

2. 增加便利服务资源在城市公园中的密度以提升服务品质

建议增加大河广场的自动贩卖机、无人售货屋、便利超市等便利服务类资源点（如图 7-7 所示 6 个浅灰色区域的城市公园）。便利服务类资源的覆盖范围主要以相应的功能需求为优化依据，如体育运动类需求、娱乐休闲类需求、游览观光类需求等。此外，在城市人口密集区域的城市公园中，一些老龄群体长时间户外游憩活动也需要便利服务类资源，因此在三环以内人口密集其他的区域也要考虑社区型公园、城市广场、街心公园等城市公园的便利服务类资源优化。

图 7-7　便利服务类游憩资源的覆盖范围优化区域

3. 优化环线上的便利服务资源点的匹配结构

建议增加图 7-8 浅灰色区域中的便利服务类游憩资源点。便利服务类游憩资源点与城市中轴线结构、环线结构、河流网格构成等交通结构并不吻合，这说明便利服务类资源点的可达性较差。对于便利服务类资源来说，其本身的功能并不仅是为城市公园服务，也为所有的城市人服务，从城市宏观格局的角度来说，便利服务类资源是一种便民的基本设施。

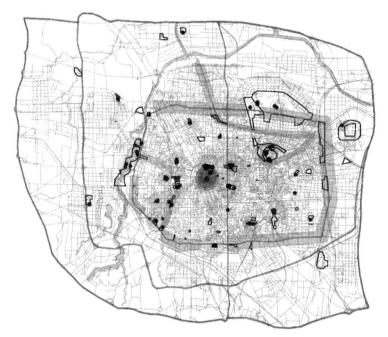

图 7-8 便利服务类游憩资源的可达性优化区域

第二节 "游憩网"模式

钉对城市公园游憩资源，根据前文研究结果提出"游憩网"模式（"Recreation Network" Model）。从本质上来说，"游憩网"模式是一种抽象理念，是空间游憩资源规划与设计策略的方法。"游憩网"模式以"生活圈"模式为基础，提供以"游憩网"网络效应来实现的城市空间优化策略。城市公园的功能是不断地完善与满足居民使用功能为核心，根据前文的研究，不同类型的城市公园对应不同的游憩行为目的，利用这些不同类型公园的承载基质，合理安排内容设计与功能服务供给，满足居民对不同游憩行为的需求。对于"游憩网"模式的机制来说，不同内容的资源点构成的空间关系网对游憩行为个体构成了不同程度的吸引力。因此，游憩行为个体与城市公园的空间距离、接触反馈、功能认知都是构成"游憩网"模式的基础。

一、"游憩网"模式的理论依据

从"网络"的特性而言，"游憩网"模式的依据主要表现为"一切事物都存在普遍联系"，其中包括行为、空间、设施。根据"联系"的特性可将"游憩网"模式的五个依据中提炼出构建理论结构的三种关系，其理论依据主要集中在价值衡量的关系、距离与动机的空间认知关系、需求与满足的功能匹配关系三个层面。具体如下：

1. 游憩行为"自存"与"共存"的价值关系

根据"城市人"理论，在游憩行为过程中，人们的"自存"与"共存"应表达为"对城市公园游憩的自我体验"与"与他人共享城市公园游憩体验"。因此，"共存"的普世价值通过游憩空间可转化为"普遍的社交功能、人文环境体验"，即与周边环境产生"自身资源"与"外部资源"的交换；"自存"的普世价值主要体现于身心健康方面的"个人游憩体验"，即在游憩过程中对自身产生的反馈。"游憩网"模式承认的是游憩行为价值，这种价值对空间具有"脱域"与"依赖"双重特性，即承认个体既"期望自身聚居地游憩资源的丰富"，也"期望在生活空间外获得更广泛的游憩体验"，这也是"游憩网"模式构建城市公园网络结构的基础。

2. 公园"距离"与游憩"动机"的关系

根据"城市人"理论的实证研究推演，空间可达性对人居满意度具有显著的影响，这说明个体的居住地与城市公园的空间距离能够影响该个体的游憩行为表现，即"距离"决定"个体的游憩行为选择"。对于"距离"与"动机"将实现以下逻辑关系的演绎：①说明游憩行为也是基于城市"生活圈"理论基础之上的城市空间接触行为；②对于个体来说，游憩资源空间分布不均的主要矛盾实际上是"距离远近"与"动机类型"之间的不协调关系；③根据"城市人"理论实证研究中的"可达性"与"满意度"相关性的条件，公园"距离"与游憩"动机"也存在这种空间距离产生的行为层级化关系。

3. 空间"设施"的需求与"功能"满足的匹配关系

在第二层关系的基础上提出第三层关系：人的游憩行为接触空间是通过"设施"与"功能"实现不同"人事时空"结构中的空间接触选择，能够获得不同反馈程度的游憩行为体验。个体在城市公园中的游憩功能体验主要取决于空间场所要素中的"设施"与"功能"，即游憩行为"动机类型"主要取决于游憩的"设施"与"功能"。其匹配逻辑应为："游憩目的"产生"设施需求"，"设施"的"功能"对应"设施需求"的满足，进而产生个体体验反馈（人地关系、共情、感知、偏好、满意度、幸福度等）。

二、"游憩网"模式的推演过程

1. 不同类型的空间分布关系

实际上，无论是"300 米见绿 500 米见园"还是"15 分钟生活圈"，都是以居住地为圆心，构建城市同心圆模型。虽然该结构与芝加哥学派的伯吉斯在 1923 年提出的"同心圆"城市规划结构不可同日而语，但是由此可见城市规划的基本"圆心"还是个体的居住地，这也是城市空间维持基本功能与个体实现对空间接触价值的基本前提。而对于侧重点来说，"300 米见绿 500 米见园"侧重于城市空间的绿色生态可持续功能；"15 分钟生活圈"侧重于居民的空间资源分布与功能匹配。前者是面状结构的城市规划宏观概念，后者是点状结构的城市功能与空间资源分配方法。

与"300 米见绿 500 米见园"和"15 分钟生活圈"相比，游憩活动类型在空间上的分布也可以形成居住地的"圆心"结构（见图 7-9）：根据游憩行为目的性的强弱，距离居住地近的范围为功能类游憩活动，距离居住地远的范围为休闲类游憩活动（该"圆心"概念只是对空间划分提出的范围示意，"圆心"的游憩活动类型区间并不说明在该空间中存在绝对的游憩活动行为）。从研究对象的性质区分，"300 米见绿 500 米见园"是城市规划布局的一种基本概念，"15 分钟生活圈"是生活空间规划布局的一种方案，而"游憩类型空间分布"则更侧重于针对游憩行为的空间内容设计提出了策略性依据。

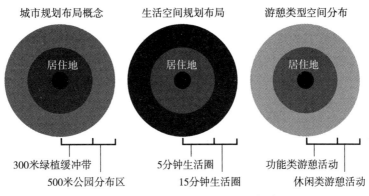

图 7-9　三种城市空间"圆心"概念

对于"300 米见绿 500 米见园"来说，"15 分钟生活圈"以时间作为个体生活圈的范围划分，对个体的日常生活提供了在空间功能接触上更为精细化的规划与设计基础，在此基础上，"游憩类型空间分布"以个体游憩行为的"目的性"为标准依据，进一步精细化个体空间需求，针对个体游憩行为的需求，为城市生活空间距离与生活功能服务供给提供设计与建设的参考依据。

2. 空间吸引关系

根据"城市人"理论，人们对空间选择接触会表现为花费最小力气的接触、"自存/共存"价值平衡的收益最大化两种主要动机。对于游憩行为来说，空间吸引力的产生主要取决于游憩内容、游憩体验、游憩获得、游憩经验等游憩本身的结构要素，也是主观与客观双方面条件作用于"游憩"事件中的要素统一。对于不同类型的城市公园来说，其对居住区距离远近的关系也决定着这些公园具体提供的游憩服务内容，这就将形成以公园为轴心发展的城市地区特定文化。细化至社区层面，则会出现"更具吸引力"的社区与城市公园，而城市公园对周边居民的吸引力主要来自高质量的空间供给服务与高水平的设施配置，从公园空间功能激活个体对空间接触呈现不同游憩内容与体验方式的需求（见图 7-10）。

从概念结构来说，城市公园分布与个体"游憩行为目的性"和个体"居住地距公园的通行时间"相关，这就说明城市公园与个体"居住地"

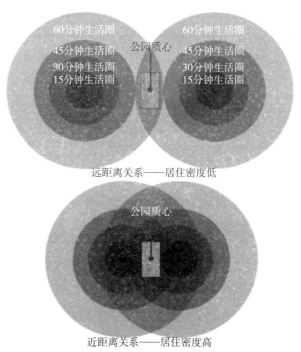

远距离关系——居住密度低

近距离关系——居住密度高

图 7-10　多个体的生活圈与城市公园的距离关系

与"生活圈"范围相互构成"圆心"结构（见图 7-11）。多个个体居住地相互之间的关系与相应公园内容结构上也存在一定的关系，说明公园的作用是满足个体居住地在周边空间分布状况与个体游憩行为需求的空间匹配。

　　3. 从生活圈到密度圈

　　概念结构并不代表实际情况，每个城市都具有独特的空间地理结构。城市中的每个居民都希望在体验空间接触行为的同时感受到空间功能的"自我"满足，也就是说，个体希望能够从城市空间接触中体验到自身居住位置与公园空间距离是城市规划的最优布局，但是城市规划不可能满足每个居民的生活空间功能需求。实际上，在居住地与城市公园的分布关系上，个体虽然能够以概念结构来说明游憩类型的空间分布关系，但实际因素则往往具有高度复杂性和不规律性，不可能完全以"圆心"的概念方式呈现。

214

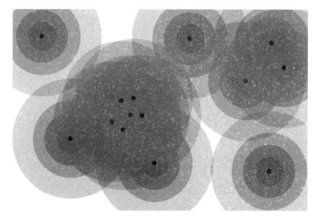

图 7-11　由多个个体"生活圈"构成的居住密度圈

　　基于个体的生活轨迹，生活圈是一种以概念时间为单位的个体行为范围表达，而密度圈是以人口居住数据为支撑，真实存在的城市结构性量化标准。根据游憩行为的假设推理，个体游憩行为的"目的性"与个体居住地距公园的通行时间是个体对公园进行评价的两个重要指标。那么，个体到群体（居住区）的结构变化，实际上表达的是多个个体生活圈的相互重合、交接。也就是说，多个个体重合后的生活圈范围，这就实现了从针对个体"概念化"的表达到实际"标准化"数据范围的转变，而居住密度正是实现从生活圈到密度圈转化过程的数据基础。

　　通过图 7-11 可知，居住密度与城市公园的功能性呈正比关系，与城市公园的休闲性呈反比关系。公园周边的居住密度与居民到公园的通行时间具有很高的关联性，而城市公园在功能类型上也并不是非黑即白，城市公园往往表现为一个大型的、开放的、多元的游憩体验综合性的户外公共空间。对于低密度居住区的城市公园而言，其功能性设施的数量至少要达到相应规模的周边居民日常生活所需。与此同时，以休闲性为主的设计侧重点，还能保证对高密度居住区的居民休闲赏景外出游憩的吸引力，在提高城市公园异质性的同时，也能够提升城市公园的吸引力与地区消费水平。

　　4. 空间接触的网络依据

　　"城市人"理论的研究主体是人，那么在"游憩网"结构中，人就是空间功能分布的唯一参照标准，"人与空间接触"就是理论结构的先决条件。而"城市人"理论中的"城市"赋予了人社会要素，也赋予了"共存"理论的形象理念。从行为逻辑而言，人首先实现自身对空间接触的功能需求，其次作为社会性动物的本质，即"城市人"的"理性"。人必须从空间接触中感受到其他个体的"共存"，即"城市人"理论中提出的"群性"原则，也是"社会资本"（主要表现为社会网络结构）所强调的内容。

通过"城市人"理论的基本原则来判断，以社交关系构成基础条件的社会资本可以被理解为一种空间资本。这种空间资本能够缩短个体对空间进行接触产生的空间距离认知，距离认知是一种个体对空间的基本判断，能够对空间接触造成实质性的影响。"个体对高质量空间接触的向往和追求"并不意味着一定要保留空间的"物理性质"，实际上很多公园中的活动组织能够形成"脱域"式的"非物理性"空间，这就是社会网络空间，也是空间社会学中所承认的空间。个体的社会资本能够通过社会网络给予的关系信度、关系强度、关系数量提高地方信任、地方凝聚力、地方互惠，这对于个体间相互缩短地方网络的空间距离起到重要的推动作用，从而拉近个体之间的空间关系。因此，从"城市人"理论的"人与空间接触"实质来说，社会资本也是一种空间关系的驱动要素，其主要依据是个体在生活圈中的行动可达性，进而对城市空间实现联结，再以这种关系纽带作为实现跨距离空间接触的资本和条件。将个体化关系推进至由好几个社区承载的街心公园中的社交关系，则能够将个体对于空间功能性的需求从社会关系的便利转而产生递进效果。

5. 生活圈网络结构的概念示意

如图7-12所示，①、②、③、④、⑤为5个不同位置的城市公园，A、B、C、D、E、F、G代表7个居民个体及其所在的居住地点，周围灰色衰减区域为这些居民的"生活圈"，按照一定时间为标准划定范围界限。其中，A、B、C、D通过公园①实现相互之间的人际交往，建立社会网络结构。由此，原本并不在A、B、D三人生活圈中的公园②，因为距离C的生活圈较近，因此A、B、D对于公园②的游憩机会开始增加，增加的一部分依据取决于A、B、D三人分别与C的交往关系强度。通过公园②，C

也能够融入 E 的生活圈，若 E、F、G 因公园③形成一定强度的社会网络结构，那么 C 也有一定的概率融入 E、F、G 的生活圈，建立更大的社会网络结构。同理，公园④和公园⑤也能够对个体的社会网络结构起到扩大规模的影响和作用，相对处于边缘位置（城市公园资源匹配较差）的 B 和 F 也能够有一定的概率通过公园产生的"游憩网"结构扩大自身的社会网络结构，提升社会资本，从而实现"更高质量接触空间"的生活追求。

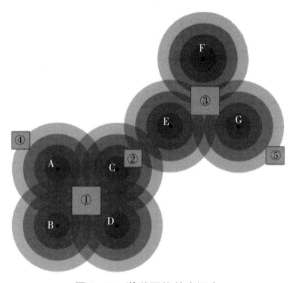

图 7-12　游憩网络效应概念

6. 游憩网络的"媒介"作用

上述"游憩网"网络效应实际上就是将公园看作一种"人与空间接触"的媒介，该媒介不但能实现人与物的交互，也能够实现人际交互。媒介的机制是通过参与公园内的活动与使用设施来提升个体之间相互发生交互的概率，将人们联系起来，形成更大的社会网络结构，彼此之间形成更深刻的空间认知。那么，个体就能够在一定强度结构的社会网络中体验不同片区的城市空间区域，不同个体对空间产生的不同游憩需求，就能够根据这种"公园媒介"形式发展为"交互网络"，从而实现对城市陌生领域公园的游憩体验，这对于直接斥巨资更新城市公园所花费的成本来说，不仅性价比极高，也满足"城市人"理论对"个体高质量地接触空间"的愿

217

望描述。

这种公园作为"媒介"的主要方式，还是要取决于公园内容设计与个体对空间进行游憩行为的体验反馈。在实际的公园内容中，人们往往会通过各种活动组织联系在一起，如广场舞、竞走团、晨练团、广播操团、模特队、唱戏团、航模兴趣组、滑板社团、打篮球、踢足球、打乒乓球等目的性较强，又具有一定协同性的活动。今后在城市公园的设计中，必须高度重视这些既能够满足个体计划行为、兴趣行为，还能够增强个体社会资本的游憩活动种类。并根据城市公园与居住区的空间结构关系，制定具有针对性的规划设计策略。

三、"游憩网"模式的结构形式

根据"城市人"理论中的"通过理性选择聚居去追求空间接触"与"人对空间接触所花费的最小力气"价值判断标准，游憩行为主要以主体的行为目的为主要表现。因此从游憩行为主体来说，"游憩网"模式是一种以个体行为选择为主的规划模式。从形态上主要以空间游憩资源点的"点""线""网"结构关系为规划的主要依据。

1. "游憩网"模式的点结构

点结构主要包含三层关系：对于城市公园空间游憩资源的服务功能来说，其空间构成形态主要以点形式存在；游憩行为个体的空间接触机会也以点要素为主要表现；居住空间的点位所在位置。"游憩网"模式的点结构实际上是一种资源点、兴趣点、居住点三者之间的空间距离关系。"游憩网"模式的点结构是"游憩网"模式的基础形式。

2. "游憩网"模式的线结构

根据"居住距离对户外游憩目的的选择"的假设，"游憩网"模式的线结构主要表现为户外游憩目的地与行为主体居住地之间的空间距离关系，即"资源点与居住地之间的距离"。根据游憩行为主体对周边居住环境的了解，会在游憩行为主体的主观认知中存在一个以不同游憩需求构成的"游憩地图"，这种空间功能的主观认知会根据客观空间条件转化为一种"由点到线"的结构依据。

3. "游憩网" 模式的网结构

"游憩网" 模式的网结构主要对应 "游憩网" 理论中的网络效应。对应 "城市人" 理论的 "群性" "物性" "理性" 可解释为：人文价值上体现为人的行为 "人性—人本—人文" 的普世价值，构成游憩行为 "社会交往" 的网络结构；在空间形态上表现为根据上述点结构与线结构构成的网络结构，即客观上的空间可达性；理性依据上表现为人与空间接触的 "理性" 与 "脱域性"，即接触需求构成的 "游憩地图" 网络结构。

四、"游憩网" 模式的资源供给方案

传统规划方法的资源供给原则是提升空间服务供给能力，按照时间划分的生活圈层提升生活便利性，充分满足居民对于不同种类服务功能的需求。

如图 7-13 所示，假设空间中存在 A、B、C 三个居民个体，分别属于三个不同的城市公园生活圈，但是三个城市公园的空间距离并不远，三个城市公园生活圈具有时空重合部分。足球场、篮球场、乒乓球桌、游泳池是四种对应 A、B、C 三个居民个体生活圈的空间功能设施。为了充分满足 A、B、C 的需求，履行资源分配的空间公平原则，在 A、B、C 三个居民个体的生活圈应尽可能地打造种类丰富、质量优良的功能设施。

相对于传统策略而言，"游憩网" 空间供给策略并不主张在空间功能上充分满足某个地区居民以及某个地区生活圈的功能需求，而是通过 "游憩网" 网络效应将这些空间功能串联起来，将社区作为基本 "游憩网" 锚点，从更大的格局上来提升整个街道文化与地域特色。

从方法示意图来看（见图 7-14），与 A、B、C 相对应的城市公园生活圈，即便有再多的游憩活动需求，也只满足某一个在当地最具特色的游憩空间设施建设。因为打造特色公园，资金可能相对较为充足，该设施的建设或许可达到周边街道、街区的最高水平。同时，相对于传统供给策略 "面面俱到" 来说，其后期的维护成本也降低许多。

虽然满足了某一项活动种类的功能需求，但 A、B、C 三个城市公园生活圈的居民仍然对其余三种游憩活动具有强烈的需求，这时就需要通过以下两种方式：

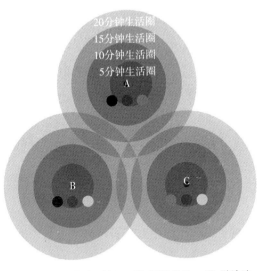

●足球场　●篮球场　●乒乓球桌　●游泳池

图7-13　传统规划方法的资源供给方案

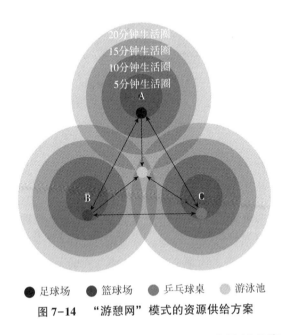

●足球场　●篮球场　●乒乓球桌　●游泳池

图7-14　"游憩网"模式的资源供给方案

（1）在A、B、C三个生活圈重叠处实现一种最耗费资金、最具吸引力同时也是受众面最广的功能设施供给，如游泳池。这就形成了对 A、B、C 三个社区居民的吸引力，A、B、C 三个社区居民因此而实现了空间中的社会交往。游泳池也可以定期组织水上派对、水上运动等大型集体活动，开办水上运动学习兴趣班、少儿游泳班、水上俱乐部等集体组织，进一步促进形成 A、B、C 三个社区居民的社会网络，强化地域文化，提高居民满意度。

（2）"游憩网"模式不仅对 A、B、C 三个城市公园生活圈形成了统一的"他域"吸引力，对于 A、B、C 自身来说，由于将资金用在了一处，其各自也都拿出高水准的独特性空间游憩功能设施，这对 A、B、C 彼此之间的城市公园生活圈也形成了强有力的游憩吸引力。因此，A、B、C 三个生活圈的居民会彼此之间互相"串门"，再通过一些篮球、足球、乒乓球、羽毛球等比赛活动的组织与兴趣课程的熏陶，一方面能够增强不同生活圈居民的社会网络强度，另一方面能够为社区带来额外的经济收入，解决了后期的维护保养问题。

"游憩网"模式要求空间设施不能只为了针对"生活圈"而存在，也就是说，设施并不单是为了服务于"生活圈"范围，同时也要对周边城市公园与其"生活圈"形成功能辐射与吸引力，优化空间服务功能，再将这种功能设施的吸引力相互联结成网络结构，也就是"游憩网"网络效应的作用机制。

五、"游憩网"模式资源供给方案的优势

相比传统"大而全"的生活圈供给方案，"游憩网"模式资源供给方案（以下简称"游憩网"方案）在设施质量方面具有显著的优势，这主要体现于以下几点：

（1）从资源设施的初始投入成本来说，"游憩网"方案在一定地域范围内摒弃了重复设施，转而采用"游憩目的精准性"的资源点投入来应对游憩行为个体实际的设施功能需求。因此该方案节省了大量初期投入成本。

（2）资源集约化与精确化的布局带来清晰的地方功能性识别，提高人

们对资源点所在城市公园的标签化认知能力，有助于城市公园与该区域的地域性文化宣传，从一定程度上解决了城市公园"文化性"不足的问题。

（3）在资源点的数量与成本方面，由于减少了大量扎堆的、相似的、不必要的资源数量，能够集中资金优势建设较高质量的资源点，同时也避免了因投资不足可能带来的资源点粗制滥造的问题。

（4）坚持生活圈内外的社会交往联系。相对于传统生活圈资源供给方案，"游憩网"方案更强调生活圈空间范围内外的流动性。根据游憩行为目的精确性，"游憩网"方案以一种精准的设施服务理念来实现生活圈内外游憩个体的联系，优化社会网络结构。

六、有别于"生活圈"模式的规划侧重点

1. 两种行为的区别

"生活圈"是一种实现个体生活便利与服务功能匹配的实用方法，是个体能够以"最合理""最便捷""最省成本"的方式得到空间体验的最优方案。其标准建立在个体"标准化"的基础上，这种标准是以以人为本的居民个体生活时效性为参照标准。对于城市个体每天的日常行为来说，个人的行为成本都是按照时间来计算，上下班、上下学、买菜等重复性行为构成了一个规律的时空运行脚本。"生活圈"的概念也是基于人们活在这种"脚本"中的重复行为来制定规划的空间供给策略，因为这是现实生活中绝大部分个体一生中很难被改变的行动轨迹，每个人在特定时间段内重复行为基本不会发生变化。

因此，在"生活圈"方法结构中，个体是更为扁平化的概念单位，"生活圈"假设个体之间的生活"脚本"基本不会形成差别。从方法论结构来说，"生活圈"偏重于个体的"功能实现"，而通过前文对"公园提升生活质量"的因果模型来说，实际上人们更加注重的是"社交关系"，"社交关系"才是个体对空间接触行为中更高级的需求。通过前文对"游憩行为三要素关系"的分析，"功能实现"仅仅作为一种个体行为的"目的性"体现，这种目的性在功能上是"自存"为核心的"城市人进行空间接触行为"原则的体现。

根据表 7-2 可知,游憩行为是一种不同于日常生活的特殊行为。其特殊性在于对生活的功能解读:"生活圈"所代表的日常生活是为了工作和收入,是一种人们为了保障生存的行为,是个体为了实现自我社会价值的行为,并非人本身对自由生活的向往和追求;而游憩行为是一种人们想要超脱自身"日常生活"之外的自由体验,代表了自然、自我、自存。这种体验就使人们想要以游憩行为来脱离对传统"生活圈"的束缚,寻找更广泛的空间接触机会,以获得更高质量的空间接触体验。因此,相对于以时空"脚本"为主的个体日常生活而言,个体的游憩行为更具有依照自身主观意志为驱动的"自由性",这种自由行为表达并不会因"生活圈"的时空条件所限制。大多数人的游憩时间虽然集中在几十分钟到一百几十分钟,但游憩行为本身不会被"生活圈"结构所限制。简单来说,"世界那么大,我想去看看"这种思想不仅是指远距离旅者,同时也是城市个体对城市游憩空间的基本空间需求。因此,人们需要跳出既有生活圈的结构,去享受更多外界的空间接触,这也是人们外出游憩行为的一种心理表达。

表 7-2 两种行为的主要区别

	主要目的	行为方式	价值评价	行为原则	结构形式	功能评价标准
日常行为	维持物质生活	单一性、重复性、必要性	结果价值	就近原则、快捷便利、省时	生活圈结构	可达性
游憩行为	体验精神生活	多样性、灵活性、随机性	过程价值	兴趣吸引、同伴吸引、好奇度	网络结构	游憩体验

2. 两种策略的价值取向

"游憩网"空间供给策略一方面沿用了"生活圈"的结构性方法,另一方面打破了"生活圈"结构理念(见表 7-3)。"生活圈"的目的是构建一定范围内的日常功能"生活圈",而"游憩网"的目的是实现"游憩网"的网络效应。"游憩网"模式强调社区以功能设施为资本,实现不同社区之间资源的交换,因此"游憩网"模式的本质是承认社区空间是一种可以"共享"的资源,侧重点在于"社区能给社会带来什么",而不是"生活圈"强调的"社会必须满足社区的需求"。

表 7-3　两种策略的主要区别

方案类型	基本释义	侧重点	价值取向	主要原则	决策前提	实现方式	空间基底
"生活圈"供给策略	以生活空间轨迹划定基本生活功能时效性空间范围	空间日常生活功能的可达性	生活功能齐全的"自存"	时效性、便捷度、性价比、可达性	空间统筹分配的成本控制	空间配置	空间的连通
"游憩网"模式	以游憩功能设施作为结构性设计单元,设计连锁服务系统	游憩功能的"脱域"与"在场"需求	游憩高品质体验的"自存"与空间资源共享的"共存"	社会性、时效性、开放性、可持续性	基于设施的活动组织与空间管理	资源交换	空间的共享

　　从时间通行成本的角度来说,"生活圈"策略体现出很强的生活便利性,"游憩网"空间供给策略也是建立在这种"生活圈"的空间范围作为基本的时空判定标准。但与"生活圈"理念不同的是,"游憩网"多了一层维度,即在"生活圈"城市物质空间构成要素、个体日常行为需求、资源的空间匹配之上,多了对于"个体社会资本""个体游憩行为要素"的"人性化"层面。该"人性化"并不是指单纯空间物质满足的"人性化",而是从"个人行为的目的性、协同性、连续性"与"社会网络"之间产生的联系与影响。从"城市人"理论角度来说,人与空间进行接触会体现出"群性""物性""理性"三个基本原则,"游憩网"策略的理论解构释义,其实是将"群性"理解为空间与个体关系上的社会网络解构;"物性"是建立在"生活圈"基本方法的物质供给关系;"理性"是对个体游憩行为本身的构成要素及其树形结构的分析,以此来制定多维度复杂化的城市空间规划方案。

第三节　"游憩网"空间资源优化策略

对城市公园普遍存在的"社交功能""服务质量""资源匹配"三个现实问题进行分析可知，城市公园当前在微观、中观、宏观分别表现出不同方面的具体内容（见表7-4）。根据"'人事时空'四维度因果模型"的验证结果，以人地情感为表现的"地方归属感""地方信任感"主要受到多方面环境资源条件的影响，而这些影响关系造成的"群性"与"物性"关系也在"第二假设"的因果模型中得到了"社会交往"与"身心健康"二元结构验证。这说明在游憩行为表现的"人与空间发生接触关系"过程中，"群性"与"物性"实际上是构成"理性"关系的前提条件，也就是"群性+物性=理性"的结构关系。在功能构建关系上，即"社交功能+游憩体验=人文价值"的关系。

表7-4　三个问题的不同格局表现

问题类型	微观表现	中观表现	宏观表现	主体需求	对应关系
社交功能	公园中缺乏邻里互动；缺乏地方信任感	公园缺少区域性的集体活动；公园缺乏以街道、社区规模对外开放的交流机会	城市不同区域处于孤立状态，彼此之间缺乏交流与互动	邻里社会资本	群性
服务质量	生活圈范围内的公园人性化功能设计不足；使人缺少地方归属感	以街道、社区规模为尺度的城市公园缺少对个体游憩需求的精准服务定位	城市公园在城市地域中无法发挥应有的服务功能，缺少当地文化氛围与特色	人地情感价值	理性
资源匹配	公园无法满足精确目的性的游憩需求	缺少吸引外部游憩者的游憩机会，进一步降低地方游憩体验	城市公园缺乏对不同地区游憩者的吸引力，缺乏对外开放的城市展示机会，城市缺乏活力	游憩功能满足	物性

由于游憩行为是人们接触空间产生作用的根本，因此"游憩网"策略的基本原理以"游憩资源"作为基本切入点，解决"资源匹配—服务质量"的表层问题，最终解决"社交功能"的问题（根据前文所述，"社交"在"自存/共存"平衡价值体系中是最高价值的体现）。根据人们在游憩资源中"游憩目的精确性与居住空间距离具有一定关系"来制定空间规划与设计具体实施方案。在决策过程中需要统筹兼顾游憩者在"社会交往""身心健康"方面的基本需求，以及"配套型设施""功能性设施"在游憩资源匹配中所起到的作用。如图7-15所示，根据"问题层"与"条件关系"推导出"方法层"逻辑。

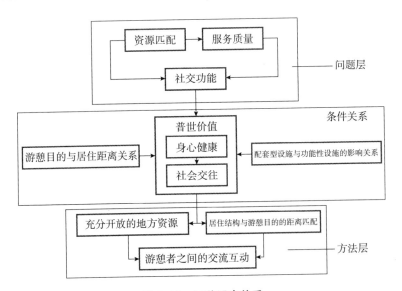

图 7-15　三种层次关系

因此，根据"游憩网"理论制定"游憩网"空间资源设计策略（以下简称"游憩网"策略），以游憩行为主体在空间活动中的"社交功能""服务质量""资源匹配"表现内容，将"游憩网"策略分为微观、中观、宏观三个层次。根据本书第一章提出的现实问题，提出特色社区公园、公园游憩地图、"游憩网"城市三种格局规模的策略构想。

一、特色社区公园

城市公园的游憩行为并不是单独存在某一个空间中的孤立行为，满足游憩行为的功能需要使社区与城市公园形成统合性关系。在该关系中，社区、城市公园、公共绿地三种空间类型都属于城市日常生活中必不可少的公共空间，都具有游憩功能。从服务范围来说，特色社区公园是一种与生活圈结构对应的"游憩网"模式。

1. 特色社区公园的基本理念

特色社区公园适用于围绕社区生活的城市公园，该类城市公园主要包括街心公园与社区型公园。通过游憩网模式，将相邻的社区通过各自独特的空间功能组织起来，就会形成一个更广阔的游憩网络结构。"游憩网"模式最终是通过"特色公园""特色功能"来实现对特色社区公园的构建。在打造地域文化的同时也在打造特色社区公园。如图 7-16 所示，每个社区都具有一种特有的设施资源，并且建立在开放性的管理原则基础上，使之形成"游憩网"理论的网络效应，使社区对外开放并且形成空间游憩资源在体验价值上的"等价交换"。

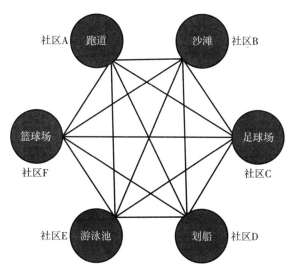

图 7-16 特色社区公园的基本理念

对于第一章中提出的"社交功能""资源匹配""服务质量"三个主要问题来说，"特色社区公园"具有非凡的意义。

特色社区公园理念就是"游憩网"模式对社区结构发展的一种体现，集中社区的空间资源，将一种专业性较强的、高品质的游憩功能性设施当作社区空间功能的发展主轴线，其他设施和空间设计与之形成配套。如某公园的特色功能是体育场，那就要保证在专业性的前提下，周边社区的文化、娱乐、亲子、活动、消费等与之形成配套，打造出一个以"体育运动、体育文化"为主题的特色社区公园。这种理念对社区经济、社区的影响力、社区的活力等方面指标都将产生较大的影响。

从"社交功能"角度来说，以游憩资源为特色充分开放的社区面向整个社会，是一种资源管理与人文地理结构双重进步的体现，人们以社区中的共享型游憩资源为契机，实现社区内部与外部的社会普遍交往，在获得更多地区凝聚力的同时增加更多的个体社会资本。

从"服务质量"角度来说，社区公园提供的"独特性"游憩资源在其地理空间结构上具有一定的资源稀缺性，因此在城市空间范围中能够具备一定的游憩吸引力，根据一般行为逻辑推理，独特的游憩资源创造出独特的服务品质。

从"资源匹配"角度来说，在市域范围的城市格局中"特色社区公园"并不是孤立存在的，真正将自身"特色"实现共享型、开放型双效并行的社区才能够创造更多资源价值与地域影响力，否则空有特色但不共享不开放、开放共享但不具备特色的社区也无法实现最佳的资源优化匹配。从统筹角度来说，以特色社区公园的"特色"为一种地域资源作为共享与交换，也是优化资源匹配的"最小力气"方式。

2. 特色社区公园所需条件

在资源供给模式上，与生活圈理念不同，特色社区公园强调"具有特色游憩资源并与周边进行交换"，因此匹配"游憩网"模式的特色社区公园需要满足几个条件：

特色社区公园需要具备一定的社区管理能力。由于对外部具有一定的影响力，并且希望特色功能对社区产生持续性收入，那么特色社区公园的空间管理就不能像传统社区一样采用封闭式管理，需要采用更加灵活的管理方式与之配套。在满足社区居民安全的前提下，保障社区文化形成持续广泛的传播影响力。

特色社区公园周边的社区必须为开放式社区，社区与公园之间的关系要做到"功能联动"和"协调发展"。由于着重发展特色功能，特色社区公园周边邻近的其他社区要以相应的方式打开，并打造其自身的"特色文化"，在功能上形成互补，各自社区在空间"生活圈"中充分满足个体对所有功能设施的需求。

持续推出以设施功能为主的社区主题活动。如围绕游泳池开展的水上运动比赛、水上派对、水上亲子活动、水上音乐节等形式，充分打造特色社区公园的功能标签，形成本土社区文化，通过活动组织使人们持续融入集体中，并产生活动的积极性。

"特色设施"必须是对个体行为具有高目的性吸引力的设施类型（前文提到了目的性强弱的活动种类排列情况）。因为只有目的性等级较高，才能吸引社区的居民进行跨社区或远"生活圈"的行为，也就是拿相应的强设施功能性，换取相对的长空间距离，以此满足个体心理上的活动"性价比"。

"游憩网"模式并不是在同一个区域完成对个体所有功能需求的供给，而是在考虑供给资金投入与后期维护成本的前提下，尽可能地体现出个体生活圈区域某一项空间功能的突出表现，以此作为更大城市格局中的"优势功能"，充分借助这种"优势功能"作为一种空间"交换资源"，形成更广大的地域资源交换与体验。只有社区具备一定程度的空间功能自信，并具有与之相配套的管理能力，让居民有了"开放"的社区居住思想，才能打造真正的"开放型社区"。

3. 空间功能与设施匹配

根据前文的研究结果，游憩行为目的的精确性与居住地、游憩距离产生影响关系，距离居住地越近目的精确性越高。以此作为社区公园空间资源点的设施规划策略，游憩资源的设施供给应当集中于体育运动类、健身活动类、娱乐休闲类三个类型。以下针对三个类型进行游憩吸引力较高的资源点举例（见表7-5）。从社区的微观格局来说，"游憩网"模式的空间游憩资源设计实际上是一种将优势资源集中于其他社区普遍缺乏的独特资源类型上，以此从更高一级格局的空间资源上获得独特的地区优势，吸引更多的城市人口流动机会，创造更多社会交往联系与地区经济增长机会。

表7-5　游憩资源类型对应的吸引力与配套设施评估

游憩资源类型	设施分类	配套设施	专业性	管理水平需求	活动目的精确程度	主要目的	场地规模	吸引力人群匹配	独特吸引力评估
体育运动类	足球场	灯光、专业操场、盥洗室	强	高	高	以体育运动项目的比赛、锻炼、训练来获得个人素质、运动技能、身体健康状况等方面的提升	大	少年、青年	高
	篮球场	灯光、专业球场、休息椅、盥洗室	强	中	高		中	少年、青年、中年	高
	乒乓球桌	树荫、休息椅、灯光、盥洗室	中	低	中		小	全年龄	中
	室外羽毛球场	灯光、休息椅	中	低	中		中	少年、青年、中年	中
	网球场	灯光、专业场地	强	高	高		中	少年、青年	高
	健身跑道	灯光、地面铺装、排水装置、树荫、卫生间	中	低	低		大	全年龄	中
	室外溜冰场	专门场地、灯光、休息椅	中	中	中		中	儿童、少年、青年	中
	游泳池	专业场地	强	高	高		中	全年龄	高
	划船	专业设施、大型水域、安全标识	强	高	高		大	少年、青年、中年	高
健身活动类	健身设施	健身器材、灯光、地面铺装	低	低	中	增强身体机能，提高身体素质，满足日常锻炼习惯需求，随机户外活动	小	中年、老年	低
	健身房	专业场馆	强	高	高		中	少年、青年、中年	中

游憩资源类型	设施分类	配套设施	专业性	管理水平需求	活动目的精确程度	主要目的	场地规模	吸引力人群匹配	独特吸引力评估
娱乐休闲类	广场	灯光、休息椅	低	低	低	以兴趣活动来提升社交能力，增进亲子感情互动，打发休闲时光，缓解精神疲劳	大	全年龄	低
	回廊	树荫、休息椅、盥洗室	低	低	低		中		低
	滨水栈道	安全标识、灯光、监控	中	中	低		中		中
	沙滩	盥洗室、卫生间	中	高	中		大		高
	大型儿童玩具	灯光、安全标识、监控	中	中	中		中	儿童、少年	高
	亲子游乐设施		高	高	中		大	全年龄	高

根据表7-5分析可知，专业性、管理水平需求、活动目的精确程度三个主要指标表现为"强"或"高"的资源设施，其游憩吸引力评估均普遍为"高"。从社区空间的"外域"吸引力来说，拥有"专业场地""专业设施"的游憩资源点对青少年构成的吸引力明显比其他年龄层大，说明青少年普遍偏好体育运动类资源，这也符合前文"青少年普遍偏好体育运动类活动"的判断逻辑。

4. 资源设施的设计组合

为了更好地满足社区内外游憩者对特色社区公园多方位的游憩需求，某些不同游憩资源类型的设施实际上可以相互构成组合关系。例如，根据表7-5分析，"室外羽毛球场"和"广场"在配套设施方面所需条件一样，可以理解为这两个设施能够进行同一个空间的设计组合；"乒乓球桌"和"回廊"在配套设施方面所需的条件也基本吻合，"回廊"在配套设施方面缺少的"灯光"可由"乒乓球桌"提供的"灯光"进行补充，因此两者可以进行设计组合。

由于距离居住地最近，社区提供的游憩功能类型应是最便利的。距离居住区较近与距离居住区较远的公园在游憩功能表现上也具有不同的特性。如图 7-17 所示,对于居住区中的小型游憩空间可以根据多种游憩需求设计为功能组合形式。静态休闲与动态休闲体现了个体对游憩需求空间使用的自存与共存的差异,从休闲区域与体育运动、健身活动组成的功能区域面积占比来说,也表现为空间设计的功能整合。因此,根据不同的空间游憩目的性也可以设计不同的空间功能组合。

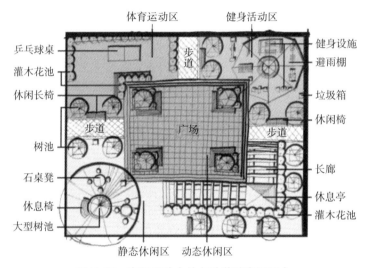

图 7-17　空间设计中的多种游憩资源组合

资料来源:笔者自绘。

从游憩设施的使用功能来说,人们更倾向于综合性、复合型的游憩空间,这样能够满足更多人群的使用需求,应对各种游憩连续性所带来的不同游憩目的变化。因此,在居住空间结构中,可以将健身类设施、休闲类设施与景观植被进行组合,创造更多的近居住游憩吸引力,对于居民来说能够产生更多"下楼转转""饭后散步"的游憩动机(见图 7-18)。

5. 资源类型的空间距离

特色社区公园的前提是建立在"共享""开放"原则基础上的,该类型社区会常有外来游客,因此空间功能与居民楼距离的设计就需要考虑"自存/共存"的影响关系。如图 7-19 所示,根据"城市人"理论的"自存/共存"中的"群性""物性""理性"相互影响关系,可将游憩功能区

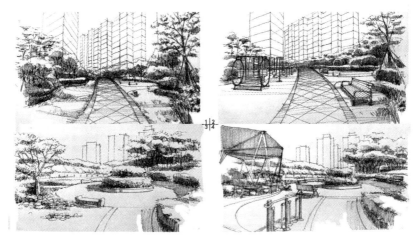

图 7-18　居住结构中的公园资源组合前后对比

注：1/3 为设计前，2/4 为设计后，笔者自绘。

域设计为距居住结构由近至远的结构特性：亲子区产生的游憩动机最大，儿童的活动精力最为旺盛，产生的噪声最大，因此设计距离应最远；体育运动与动态休闲（如广场舞等）产生的噪声也相对较大，位置也要距居民楼较远一些；静态休闲（如下棋、休息、遛狗、散步等）产生的噪声最小，群体活动参与的人数也相对最少，因此可以选择距居民楼最近的位置。

此外，由于距住宅结构由近至远的空间功能特性增强，景观植配在其空间区域表现上也表现为越来越稀疏，以获得更好的空间容积率与功能性。在品种搭配和质量选择上，应把最好与最优的方案集中在距住宅楼最近的距离。

二、公园游憩地图

公园游憩地图并非百度地图、高德地图、大众点评网、小红书等网络信息平台提供的地图类信息系统，而是根据游憩体验需求将城市公园打造成"具有独特吸引力"的特色公园系统。随着城市物质水平的不断提高，城市公园在生态、娱乐、社交等多方面的功能被赋予了更高的要求，因此

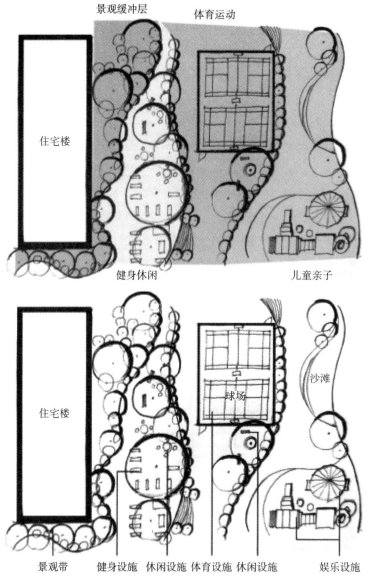

景观缓冲层　　体育运动

住宅楼

健身休闲　　　　　　　　　　　儿童亲子

住宅楼

球场

沙滩

景观带　　健身设施　休闲设施　体育设施　休闲设施　　　娱乐设施

图 7-19　游憩功能与居住地之间的距离关系

资料来源：笔者自绘。

对城市公园的尺度与规模在规划与设计上有了更新层面的理解。这就要求对城市公园中的游憩资源进行更加精准化、多样化的高水平规划与设计。

1. 公园游憩地图的基本原理

公园游憩地图需要城市公园在规划上摒弃"既要还要"的内容填充策略，确保公园相互之间游憩功能供给各有特色、各不相同，使之具有对应游憩群体的活动针对性。游憩行为是游憩动机的实际体现，根据前文的研究，游憩动机创造游憩需求进而产生游憩行为。因此，游憩个体在游憩行为的选择方面会同时具备多种方案，以出行的时间、空间、随行者、交通等多种外部因素作出具体调整。公园游憩地图就是适用于这种选择机制下的布局与规划策略。通过不同类型的城市公园组成多种游憩行为需求的承载体，使之建立一种源自行为主体的游憩机会契合。

如图 7-20 所示，单次户外游憩可视为一次完整的游憩行为方案。行为个体对活动健身、社交娱乐、游览观光三个主要游憩行为大类具有多种选择方案，根据这些选择方案提供的游憩机会组成不同的游憩内容。行为主体到各类方案的联系表示户外游憩的主观需求；各类方案之间存在的联系表示行为主体根据方案提供的客观游憩机会进行方案信息的对比、反馈与评估。

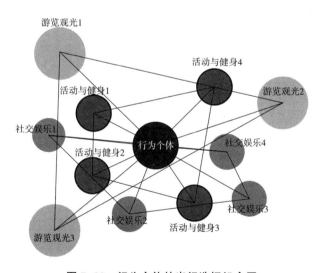

图 7-20 行为个体的出行选择机会网

如图 7-21 所示，在城市规划方面，不同类型的城市公园与居住区的结构关系应符合"游憩目的强度与居住区距离"的关系,在居住区空间距离上由近至远依次表现为社区型公园—街心公园—城市广场—城市景观步行道—大型绿地公园;在城市公园的内容设计方面,不同距离的城市公园在设计内容方面具有不同的倾向性,遵循"近距离以功能设施为主,远距离以景观休闲为主"的资源匹配原则。

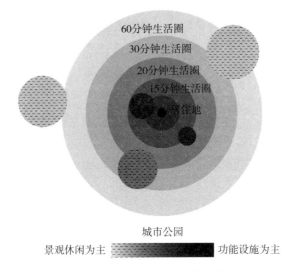

图7-21　城市公园分布与生活圈的关系

2. 公园游憩地图的吸引力表现

根据城市公园的不同类型,可分别对应其游憩功能来规划并设计游憩的内容(见表7-6)。在五类城市公园中,社区型公园、街心公园、城市广场偏重于游憩行为的精确目的,根据空间提供的环境条件设计应注意点状游憩功能供给;景观步行道与大型绿地公园由于距离居住区较远,应以大型自然景观为主,为了满足游憩行为者探索、好奇、发现的游憩体验,应设计一些具有游览观光功能的设施与资源,此外,在该类型公园中规划数量足够的停车场、便利设施、卫生设施,保证这些设施与大型绿地公园在尺度上符合一定的比例关系。

表7-6　城市公园的设计形式与内容匹配

城市公园类型	人口密集程度	行为目的性	主要行为动机	单次活动持续时间	主要资源类型	独特吸引力	应注意的设计与规划要点	主要空间类型	设计类型
社区型公园	最高	最高	运动、活动、社交	最短	体育运动类、健身活动类、娱乐休闲类	体育与健身设施、邻里社交氛围	由于距离居住区最近，资源类型最多，但仍需要重强调体育运动类资源与亲子游乐资源的独特性	点状	组合式设计
街心公园	较高	较高	活动、社交、放松	短	健身活动类、娱乐休闲类	休闲与休憩设施	该类公园兴趣类活动较多，也具有一定的社交功能需求，提供小型广场以及半私密性空间	面状	组合式设计
城市广场	中	中	活动、放松	中	健身活动类、娱乐休闲类	公共活动氛围、大型集体活动	以群体活动功能为主，空间上主要提供大型广场，以及充足的便利服务类、配套设施类资源	面状	组合式设计
景观步行道	较低	较低	放松、游览	长	游览观光类	优质的生态环境	该类公园中需要讲究景观植配与游览路线的搭配，营造植物观赏的叙事性，兼顾休憩功能	线状	叙事性设计
大型绿地公园	最低	最低	放松、探索、旅游	最长	游览观光类、娱乐休闲类	优美的自然风光、大型娱乐设施	将主要特点集中于景观节点的设计上，调动人们的好奇心、探索欲，由于离家较远需提供避雨设施。提供充足的停车场、配套设施、便利设施	综合	叙事性设计、片段式设计、组合式设计

237

在设计类型方面，针对社区型公园、街心公园、城市广场在城市空间中表现出地价较高、空间容积率高、人口密度大的特点，主要以"组合式设计"提供更多空间功能；在相对较为"线性"的景观步行道公园类型中，应以游憩者步行游览观光的"叙事性"为主要设计方法，这方面可以中国私家古典园林的造园手法为主；大型绿地公园类型由于尺度巨大，因此具有充足的空间可进行"组合式设计"与"叙事性设计"的综合方式，但也要注意游憩者单次游览的时间长度、游憩强度、园内交通等空间可达性与游憩体验的结合，根据空间尺度规划公园不同游憩功能的"片段式"区域。

3. 公园空间形态与行为的匹配

对于公园活动空间来说，具有一定形态的场所是承载游憩行为的空间容器，其形态可分为点状、线状、面状三种形式。根据游憩行为在空间发生的位移变化与活动强度，大致可以分为静态与动态两个类型，将其对应点线面的活动形态就可以得到 A1、A2、A3、B1、B2、B3 六种不同的活动方式（见表 7-7）。

表 7-7　游憩空间形态与活动分类对照

活动分类	A 静态	B 动态
点状活动	A1：休息、聊天、玩手机、喝水、吃东西、钓鱼、直播、看人、赏景、打牌、野营	B1：摄影、航模、喂鱼/喂鸟、打拳/练剑（单人）、放风筝
线状活动	A2：捉小鱼、玩沙子、玩水、扔飞机	B2：跑步、骑车、竞走、散步、走路
面状活动	A3：室外书法、唱戏、演小品、摆摊	B3：滑板、羽毛球、乒乓球、足球、篮球、排球、溜冰、街头健身、广场舞、做操、打拳/练剑/做操（群体）

在进行空间接触时，个体会产生对空间接触的自我价值满足的自存需求，以及在空间接触获得的"共我"关系，可以将这种"行为自存"与"行为共存"作为一种活动的需求与回报。将 A1、A2、A3、B1、

B2、B3 六种活动形式对应空间使用大小、空间建设投资、空间管理投入、行为自存、行为共存五个量化指标进行粗略对照判断，可以得到对应的每种形式的活动以及对应的空间建设所需要的投入与回报价值对比。从表 7-8 可知，B3 的回报最高，投入与管理也最高，A1 投入最小，得到的相应回报与投入也较小，同时，A1 与 B3 也是活动内容最为丰富的两种形式，这说明在满足 A1、B3 活动类型的点状活动空间与面状空间的异质性较高，游憩者更容易获得游憩行为体验中的"自存"与"共存"的平衡价值。

表 7-8　游憩活动分类与成本投入、空间接触性质分析对照

	空间使用大小	空间建设投资	空间管理投入	行为自存	行为共存
A1	小	低	低	中	中
A2	中	中	中	高	低
A3	中	中	高	高	高
B1	大	中	低	高	低
B2	大	中	中	高	低
B3	大	高	高	高	高

如表 7-9 所示，在城市公园中，以点线面为主要呈现的空间规制具有各自不同的形态构成，在这些不同的形态构成中，分别对应着不同的游憩功能需求、环境特征需求以及主要配套需求。对于不同的空间需求而言，其环境特征有时也会发生一些相反的变化，如专用于健身类的运动场地要求空间具有足够的光线照明度，同时也要符合作为公共场所的空间通透、开敞，以及购买纸巾、食物等的便利性，但是作为提供休憩类功能的座椅等点状场地，其要求空间具有足够的私密性和静谧性。

表7-9　游憩空间供给与类型需求对照

空间供给类型				游憩类型需求			
场地类型	空间名称	空间形态	景观要素类型	活动类型	主要配套需求	环境特征需求	主要功能需求
面状场地	广场	大型开放式广场、小型广场、下沉式广场、露天小剧场、可进入的草坪	硬质地面、植被	休闲类活动、休憩类活动、兴趣类活动	照明设施、盥洗设施、便利设施	开敞、明亮、便利	集体活动、展示自我、社交、休闲、亲子、休息
	运动场地	各类球场、健身器材、沙滩、滑板池	专用地面结构、植被	体育类活动	照明设施、盥洗设施、便利设施、安全设施	开敞、明亮、便利	健身
点状场地	座椅	长椅、可供落座的台子、花坛边缘、石桌凳、天然石头、堤岸、亭子	遮蔽物	休憩类活动、休闲类活动	照明设施、安全设施	私密、阴凉、遮挡	社交、沟通、休息
线状场地	步行道	健身步道、景观小径、廊道	植被、地面铺装	体育类活动、兴趣类活动、休闲类活动、休憩类活动	照明设施	私密、阴凉、遮挡	健身、观赏、休闲、通行
	景观道	水边栈道、空中栈道、桥				开敞、明亮	

三、"游憩网"城市

从城市时空的发展格局来说，城市社会应该是集多种当地特色与社会文化共同组成的城市生活共同体。一个好的城市规划应当结合当地文化、资源、条件、人口等多方面因素，充分发挥出当地空间结构的特点，从市域空间范围上形成更广泛的资源链与资源网。这也是"游憩网"模式的"游憩网"城市构想基本内容（见图7-22）。

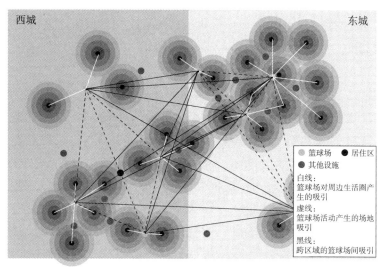

图 7-22　"游憩网"城市构想

　　注：本图仅为"游憩网"城市的概念化理解，所有变量均为随意模拟，不考虑模拟城市空间中的交通流量、人口比重、人口流量等实际影响因素，仅供说明"游憩网"城市理念，并非图中所示 8 个篮球场对 38 个居住生活圈的数学连通性最优解法，因此只做方法解释，不做具体数字解释。

1. "游憩网"城市的基本原理

　　在"游憩网"模式的构想中，城市不同区域能够通过专业且高质量的空间设施功能供给，利用"游憩网"网络效应来实现城市空间区域资源分配的相对公平。对于城市不同空间位置的生活圈来说，功能性设施要起到对其产生不同程度的空间吸引，这种吸引使得居民对空间产生一定的游憩流量。如图 7-22 所示，城市中的生活圈通过"游憩网"模式实现东城、西城各自区域的功能性游憩吸引，在对"篮球场"设施投入有限的情况下实现对多个生活圈对"篮球场"功能需求的统筹性供给策略。

　　"游憩网"城市构想对城市的发展意义，在于以功能设施为锚点，实现跨区域的地区性交流，增加城市居民之间的社会网络结构强度，以此实现"更高质量的空间接触"。其空间的组织功能主要是用以下两种方式呈现：

　　（1）以篮球场为核心，对周边社区生活圈形成吸引力，因此提高更多相邻社区生活圈中居民之间的互动交流概率，产生更多的空间连锁反应。

（2）在专业的篮球场中形成专业篮球组织，使篮球场向周边生活圈产生对应功能游憩的吸引力，以此聚集更多的居民实现城市之间跨区域的篮球互动交流。

2. "游憩网"城市的网络效应

根据"游憩网"城市的理念，实际上打造出来的是一个通过空间功能设施实现地区功能价值交换的社区交互网络。以图7-22为例，以"游憩网"模式对"篮球场"和社区生活圈结构做出调整，其实就是打造一个市域范围内的"篮球社会化空间"。通过各个生活圈与"篮球场"的地区关系组织形成功能吸引力，再以这种吸引力作为社交方式的机会，通过专业篮球机构和组织的推广与宣传，形成居民对该运动产生持续的关注，进而出现城市跨区域的"篮球文化"。这就是游憩行为的"脱域性"，导致一个实体物理空间之上存在一个无形的"社会空间"。这也是国外早期游憩行为研究中普遍承认社会行为学与城市社会学的观点依据。

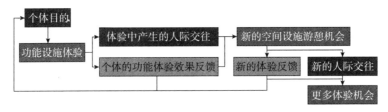

图7-23 "游憩网"机会模型

"游憩网"城市是以"游憩网"网络效应为连锁，引起由空间功能作为锚点的游憩行为机会结构模型（见图7-23）。在该模型中，游憩行为仍然由个体的"目的性"作为原驱动力，在体验过程中产生"人际交往"与"效果反馈"，其中"人际交往"可以理解为"协同性"，"效果反馈"为个体目的性产生进一步的影响，可以理解为"连续性"；而通过"人际交往"和"效果反馈"后，将推动个体通过本次游憩行为形成的经验和积累的人际关系，催生下一次游憩机会，即"新的空间设施游憩机会"，由此又产生了"新的体验反馈"与"新的人际交往"，进而推动产生更多的游憩机会，这也是个体通过游憩行为的"目的性""协同性""连续性"展开一系列空间接触行为的过程。综上所述，该模型也是对"城市人"理论

的 "物性" "群性" "理性" 三原则结构的验证。

四、"游憩网" 模式的意义

1. 与生活圈有别的体验价值

游憩资源与日常生活资源有所不同，不能以 "满足基本功能即可" 的供给原则为策略，而是需要集中优势资源打造出高品质的游憩服务体验，这样才能充分满足个体在游憩体验方面对美好生活的向往和追求。从行为个体的动机来说，城市对居民空间功能满足的多元化、丰富性、异质性、开放性的主要特点，也需要借助空间的形式来营造，利用有限的功能活动空间来创造无限 "社会空间" 的可能性。城市高品质生活的体现，就不只是作用在 "生活圈" 这种居民对日常生活行为的空间功能满足，也要用游憩行为的方式从 "生活圈" 中走出去，以游憩行为的目的作为驱动来体验更多城市空间，获得更多空间接触机会。

2. 游憩资源 "自存/共存" 的 "平衡"

对于游憩行为来说，其资源的 "平衡" 表现为区域内外关系的价值平衡，而不是各地区游憩资源的内容、规模、数量的同质化。不论是 "特色社区公园" "公园游憩地图" 还是 "游憩网" 城市构想，"游憩网" 模式都坚持空间 "自存" 必须以 "自身存在一定资源价值的空间条件基础上进行等价交换" 为基本原则。当空间自身具备一定资源价值，空间的共享才是有意义的。这种空间资源的 "价值" 必须体现于对 "外域" 游憩行为主体的吸引，而并非其他量化指标。这是共享的前提条件，而不是 "对自我空间功能上单方面的不断满足"。空间资源的 "平衡" 也并不是对资源 "孰优孰劣" 与 "谁多谁少" 的评判，而是使资源供给完美地契合当地条件的结构优化，以本地资源形成 "特有标签" 与外界游憩需求进行交换。因此，从本质上来说，"游憩网" 模式实际上坚持的资源 "平衡" 是各地资源 "优势" 的独特性平衡，而非同质化、标准化的平衡。

简单来说，游憩资源 "共享" 是实现 "共存" 的基本途径。"共存" 是多个个体为了实现 "更好的空间接触"，即多个个体的 "自存"，而 "自存" 的 "自" 是为了自身价值的提升，"共存" 的 "共" 是为了获取更多"自"的机会，这才是发展"共存"原则最实际的意义。"共存"是需要在一定均等实力范围的"自存"中才能形成，既是公平"共存"的前提，也是实现"城市人"理论中提到的"自存/共存"普世价值的理想途径。

五、游憩设施供给原则

1. 充分满足居民需求，因地制宜

城市游憩设施供给策略的核心目的是保证每个居民对空间功能使用的权益最大化，在空间资源分配合理的前提下，充分调动居民对户外游憩行为的积极性，促进地区社会结构团结与稳定。每个城市都具有各自得天独厚的自然环境，其历史背景、城市文化、人文特色、社会规模等各方面指标都有所不同，因此对于每个城市的空间游憩设施供给，也需要针对城市独有的自然条件与社会条件制定与之相对应的供给策略，即量身打造"因地制宜"的供给策略，拒绝"千城一面"和"千篇一律"的空间供给方法，充分保证地区空间供给对应当地特色。这就需要针对不同城市的具体情况做出具体策略分析，为进一步细化的策略实施步骤做准备。

在游憩设施的配给种类上，也要充分考虑中低居民的游憩活动消费水平，以及老、弱、病、残、幼等特殊人群对设施的使用便利性与安全性，在相关区域要进行关于设施的安全规范使用宣传、警示、示范等便民性告知。对于一般居民来说，城市游憩设施是日常生活中必不可少的功能性设施，同时也是社会生产行为之外的自由生活体验，作为游憩空间设施供给策略，就必须设定针对一定数量规模居民的不同量化标准，如供给按照城市区域的空间大小范围、人口规模比例、游憩偏好性问卷调查、游憩行为观察等量化指标，来决定对不同城市空间区域的微观、中观、宏观供给策略的空间布局规划。

2. 布局公平，坚持开放性

城市空间的形态分布一般会受到城市交通、市场经济、土地价格、环境格局与政府调控等多方面因素的影响，城市公园设计会在功能设施上对生活圈的布局也会造成一定程度的影响，而这种影响对于社区生活圈来说

产生最直观的表现就是空间资源分布不均。对于大多数城市公园来说，虽然私家车的通行方式已经变得十分便捷，但"停车问题"仍然是大多数公园实际存在的难题。但对于中低收入城市居民来说，私家车也并不是主要的通行方式，显然以私家车为空间布局的尺度，只能服务一部分人群，无法体现"布局公平"的原则。因此，城市游憩设施供给策略需要充分考虑到上述影响因素，基于城市交通造成的基本游憩功能发展匹配，在功能设施的策略中需要强调对于公共交通、慢行系统等交通布局便利性的空间分配。

"布局公平"原则不仅体现在针对不同的城市居民个体而言的，同时也体现在"游憩网"城市构想中的社区服务功能锚点分配上。在城市设施功能按照"游憩网"网络效应分配中，若出现"特色社区公园"的周边社区特色设施"雷同"时，则按照两个社区对于周边社区产生的设施功能吸引力、人口规模结构、设施质量水准、资金投入程度等方面量化依据作为权重参考，纳入相应的统计算法中，根据计算结果得到处理办法（见图7-24）。在"特色"雷同情况下，保留更优质的"特色"，改变相对劣质"特色"，保证"特色社区公园"对周边（生活圈范围）同类型设施服务功能不出现雷同，否则将会导致对该设施功能产生需求的居民"各自安好"，不用再相互"串门"，在自己的生活圈中就可以体验功能，也就出现对该游憩类型相对封闭的结构，失去了"特色社区公园"分配方案的意义。

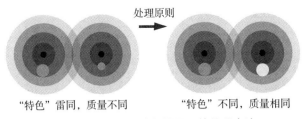

图7-24　应对"特色雷同"的处理方法

开放性原则对城市发展至关重要，目前城市大部分社区采用封闭式管理结构，虽然对地区治安管理、人文社会发展、区域内部社会资本等方面起到了一定的稳固与凝聚作用，但却使其内部居民对外部社会形成了封闭式的"生活圈"隔绝，这将会造成社区对于城市其他居民的"合法私有化",形成人情淡薄与缺乏信任的城市公共环境。因此,对于城市游憩设施的空间供给需要坚持"开放性"的基本原则,在稳固区域内部人际关系的同时,也能够增强社区"生活圈"内外的联系,形成更广泛的社会网络结构,从而实现个体更多空间接触的机会。

3. 尊重民意,坚持以人为本

归根结底,"城市人"理论的核心是"以人为本"。在空间设施功能的供给上,游憩设施供给策略必须坚持以"民意"为重,通过深入实际调查研究,了解当地居民生活需求与游憩行为需求,尊重民众对于游憩设施的功能使用反馈。从"以人为本"的角度来说,"居民需要什么功能"和"居民想要什么样的生活"两个概念之间存在差异,这也是前文在居民公园游憩种类偏好性的线下调查中反映出来的问题。对于城市设施的供给策略来说,对当地民意的调研是必需的工作内容,通过对当地居民的走访、问卷调查、行为跟随、民意调查等方式直接获取最具参考价值的信息,作为设施供给策略与规划设计的依据。

此外,"以人为本",而不是以"城市"或"生活圈"为本,这就说明设施供给策略实际上是一种针对个人游憩行为而制定的"个体接触空间"的规划方法。因此,结构型布局中必须充分围绕"人"的主观能动性展开对空间游憩需求的功能匹配,以个体的游憩行为"三要素结构"为基本变量,采集个体游憩行为相关数据作为量化依据,研究个体的游憩行为过程,从而得到集体游憩行为变化的时空特征,再以相应的空间功能设施构建"匹配"供给策略模型,以求城市游憩设施供给策略的具体量化方案。

4. 游憩设施规划步骤

步骤1:确定规划范围、规划对象、参与规划机构。包括地方政府部门、承包设施供给的提供商、社会民间组织等。

步骤2:对规划现状进行 SWOT 分析,建立四元空间场地评价机制。全面分析当地的自然资源、社会资源、地理环境、人文结构等地区性发展要素条件,获取详细数据建立客观评价体系,为进一步细化方案做好数据基础。

步骤3:根据当地社区、街道、城市规模等各类相关指标数据生成针对当地的游憩行为设施供给原始方案，并进行对比评价，结合 SWOT 分析结果，生成方案的综合评分以及未来预估评价。

步骤 4：调查当地民众需求。根据当地人口结构、游憩类型数据统计，结合人口结构年度数据变化，估算未来 3~5 年后可能形成的人口结构数据，计算周边生活圈对空间设施供给的使用时效性，在满足一定空间距离的范围标准后，进行周边社区生活圈的走访调查，确保该空间设施的供给方案不会出现雷同，并有利于打造地域特色。

步骤 5：将规划任务分阶段，根据规划制定阶段性目标，确立当地居民、承包商、政府部门一致的发展方向与最终目标，确立规划任务优先级，形成空间供给与社区生活圈的"特色"匹配。

步骤 6：针对空间供给方案制定设施投放数量、类型、价格等具体的标准系统框架，对应不同种类的城市公园类型（社区型公园、街心公园、城市广场、大型绿地公园、城市景观步行道）确立不同的供给配置方案，根据城市与居民的不同需求制定针对"特色"化游憩设施的运营方案，包括项目推广宣传、活动组织与招募、营业商贩招标、大型活动策划等具体计划与步骤。

步骤 7：编制规划，对上述步骤进行汇总，确立各个任务单元的主要目标与子目标、任务阶段性的完成标准、目标计划与任务的优先级次序，生成规划细节文档、任务进程表、规划图与设计图、设施投放标准文件等具体内容。

步骤 8：制定管理人员配置、管理细则、游憩设施运行、区域开放计划、维护保养、应急措施等方案，拟定规划总进程，设定规划更新周期。

第八章 | 结论与讨论

第一节　研究结论

1. 游憩资源供给不仅是资源数量与质量的供给，也是对应主体需求与客体条件的供给

目前，城市规划在讨论地区资源平衡和供给匹配关系时，往往会以地区资源数量、空间容积率、人口密度等作为决策主要参考，容易忽略行为主体在居住地、活动类型、行为动机中表现出的需求、偏好等主导性作用，该状况在游憩资源的供给中尤为明显。游憩行为不同于日常生活的"功能需求"，在对待居民的游憩行为资源规划中，其方法也应与传统的"生活圈"理念有所区别。本书针对城市公园中的游憩行为进行研究，结合"城市人"理论提出了"游憩网"模式，在充分尊重个体游憩活动选择的基础上对其行为活动的"地方依赖"与"脱域需求"进行了研究。

2. 游憩行为符合"城市人"理论"自存/共存"的价值取向

"城市人"理论认为在主体与客体的"接触"作用中，城市各方要素在"物性""群性""理性"的关系中均处于一种平衡的状态。这种平衡状态并非资源数量、空间内容、行为主体三者的关系，而是一种"自存/共存"的价值平衡，主要体现于人与空间物质的接触、人与空间中的他人接触、接触行为的理性反馈三个方面。根据本书"公园提升生活品质"的因果模型结果，游憩行为也存在"城市人"理论的"自存/共存"价值关系，即"社会交往"与"身心健康"，其中"社会交往"具有更优质的模型评估因子载荷，该结果也符合马斯洛需求体系与奥尔德弗的 ERG 理论观点。

3. 游憩行为的"理性选择"不只体现于空间距离，也充分体现于个体行为目的性

从实证研究与理论研究的结果来说，符合"城市人"理论提出的"理

251

性"与"花费最小力气"的双重原则。根据"城市人"理论中对城市人"理性选择聚居与空间进行接触"与"花费最小力气"的观点描述，"花费"具有空间尺度、金钱消耗、时间折损等空间可达性指标特征，因此"花费"在"城市人"理论的逻辑结构上是一种权衡"理性"的价值方法。但是，对于游憩资源来说，"花费"是"理性"的一部分，却并不等同于"理性"的全部。对于游憩行为主体来说，生活圈范围外的游憩资源同样具有较强的吸引力，因此游憩资源的吸引力并不能以生活圈"日常生活功能"的空间可达性作为唯一评估标准。根据游憩行为研究这些资源对游憩主体产生吸引力的根源，以及两者之间产生的空间接触实质，是研究游憩行为"理性"的关键。

4. 游憩空间资源的优化重点在于加强功能设施与配套设施

从"公园空间要素对公园空间感知"的因果模型结果来说，配套型设施与功能性设施对人们在公园中的"空间归属感""空间信任感"因子载荷贡献最大，这说明城市公园的游憩资源优化重点主要在于功能设施与配套设施两方面。结合人们在城市公园中的游憩行为观察，游憩资源提供的功能与配套设施带来的使用体验比景观绿化、空间结构设计、管理水平等对提升公园感知具有更重要的作用。该结论对于制定老旧街区城市公园优化的具体规划与设计内容具有针对性的指导意义。

第二节　研究成果

1. 提出了城市空间资源规划与设计的新思路

本书从"城市人"理论中进行提炼，并通过对游憩行为假设结构的验证，在规划与设计中提出了"游憩网"模式。本书提供了一种以个体选择接触而实现游憩行为为主而进行规划与设计的思路。这种思路主要体现于主观要素与客观要素两个方面：客观要素方面主要包括游憩资源吸引力、游憩出行便捷度、空间可达性；主观方面主要包括游憩活动目的、游憩动机、游憩反馈，通过主观选择的驱动实现对客观空间要素的接触，强调在接触过程中主观驱动的重要性。

从规划层面来说，个体的游憩动机会与其所处的生活圈环境各不相同，其游憩动机也具有对应其生活圈环境的"脱域性"与"依赖性"。因此，本书主要关注个体在相同空间内的游憩动机差异化现象，提出"游憩网"模式的空间规划与设计优化策略。随着城市发展和居民游憩意愿的不断提升，人们对城市品质的追求更为精准、精细，这也是城市高品质发展的象征。因此，"游憩网"模式符合未来城市发展趋势，提供了更合乎发展逻辑的规划设计新思路。

2. 针对城市公园三个问题提出解决对策

针对"社交功能""服务质量""资源匹配"三个城市公园中存在的普遍问题，"游憩网"模式分别从微观、中观、宏观三个层面提供了"特色社区公园""公园游憩地图""游憩网城市"三种格局的规划构想，分别以"资源点的特色优化""资源内容与空间类型的匹配""资源空间结构的网络联系"为主要规划与设计方法的指导思路。该成果也是对本书对城市公园游憩行为的"自存/共存"价值、城市公园空间环境要素对空间感知的影响研究、城市公园游憩行为实地调研三个部分实证研究的总结与提炼。

3. 验证了游憩行为动机与空间距离的关系

根据城市公园游憩者实际行为的观察研究可知，游憩行为动机与其居住空间到城市公园的距离具有一定关系：居住距离越近其活动功能性越强，目的越精确；居住距离越远其活动功能性越弱，目的越模糊。该研究成果能够直接作用于城市空间游憩资源的规划与设计方法中，这也说明对于不同类型的城市公园，其功能侧重点、特点、内容、资源供给也要有所不同。

4. 提出了游憩行为表现的三要素结构

根据实证研究（城市公园游憩行为研究）与理论研究（"城市人"理论）相结合，分析得到了游憩行为表现三要素结构，其内容包括游憩行为的目的性、协同性、连续性（见图8-1），三个部分分别表示游憩行为的初始动机、陪伴对象、事件过程的机遇。将游憩行为表现的三要素在不同的场所空间中表现出的强弱做级别化处理，就能设计出对应"游憩动机—

游憩体验—游憩事件"的游憩资源供给策略，对城市公园中的游憩资源供给具有一定的参考价值。

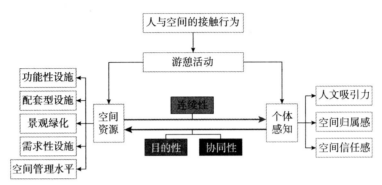

图 8-1 城市公园中的游憩活动理论结构模型

5. 郑州城市公园的实证研究价值

本书基于郑州城市公园的游憩活动实地调研，并结合 ArcGIS 10.8 软件对郑州城市公园的不同区域进行空间格局分析。此外，还对郑州城市公园的游憩资源类型进行了分类整理，指出郑州市在六种游憩资源分类中表现出的地域性差异，并针对郑州城市公园整体在"体育运动类""便利服务类"资源的不均衡状况给予相应的空间资源优化对策，因此具有郑州城市公园的实证研究价值，为郑州城市公园的空间资源优化提供了一定的参考依据。

第三节　研究创新点

1. 拓展了规划学理论在风景园林学的研究新思路

本书以"城市人"理论作为游憩行为研究中"自存/共存"平衡价值的主要线索，通过对游憩行为假设结构的验证提出"游憩网"模式，以此来解决城市公园游憩资源问题。不仅是"城市人"理论在城市公园实证研究中的尝试，更是一次以"城市人"理论规划学思想在风景园林学领域中的实证研究尝试。

风景园林学作为研究人居学科的支柱性学科之一，广泛关注城市户外环境对人产生的影响。游憩行为的研究归根结底是一种以"人"为主要驱动的研究，强调在空间客体与行为主体之间的关系构建上，行为主体发挥主观能动作用。从这部分来说，风景园林学的学科内涵具有广泛的交叉性，"游憩网"模式的"人因游憩动机和社会关系而构成网络体系"的观点充分对应"城市人"理论中"以人为本"的理论主张，也是风景园林学倡导"以人为本"的人居环境科学价值理念。

2. 进行了有别于"生活圈"的规划新模式探索

根据实证研究结果，游憩行为的目的性、协同性、连续性与其居住距离存在一定的关系，从客观来说这是一种空间条件要素对游憩行为个体造成的机会影响关系；从主观来说，游憩行为主体又可以根据这些条件通过"理性"选择与空间进行接触。通过主客观两方面提供的要素结构，以"城市人"理论中的"物性""群性""理性"为基础，推导出空间接触功能的自存与共存平衡价值构成"网络效应"的"游憩网"模式，是本书的主要创新点。

总体来说，"游憩网"模式提出了一种有别于"生活圈"模式的规划主张，将游憩行为动机与空间距离联系起来，建立主观游憩体验与客观空间内容的影响结构。作为"游憩网"模式在"空间接触作用"的主客观二元统一的基本理念，也是本书主张"人性化"的全新规划方法尝试。

第四节 研究不足与展望

总体来说，"游憩网"模式是本着"小心求证，大胆假设"前提下的学术假设产物，其理论的实践应用价值还有待后续实证研究的考验。对于未来城市"人性化"的总体发展趋势来说，其本身也存在着一些不足之处，总体可归纳为以下几点：

1. 构建标准化体系

"游憩网"模式主要体现为一种"相对的"主客观统一性关系。而这种"相对的"参照标准需要建立在一定规范的量化体系中，这也正是"游憩网"模式目前所欠缺的部分，主要体现于以下两个方面：

（1）游憩目的性与空间距离关系的级化标准。总体来说，游憩目的性与空间距离关系需要一种尺度范围内的空间分级标准。从空间客体来说，根据城市人口规模、城市地区尺度、城市公园尺度等指标制定一定条件下的游憩目的变化参照依据；从游憩主体来说，游憩行为的目的会受到客观空间要素条件的影响而发生改变，这种改变的幅度与行为个体的行为动机等级也具有较高的关联度。例如，在县城打篮球的动机与在大城市户外打篮球的动机可能会随着居住结构与游憩地结构的尺度（量化标准）的变化而发生相应关系的变化。此外，人居结构的氛围，如当地的游憩文化或者邻里结构都是可能导致游憩主体动机改变的因素，而这些因素在不同地区随着不同文化、不同人口结构、不同环境条件也存在因果模型上的差异表现。该问题是"游憩网"模式面临"精准化"资源服务供给所显现的不足之处，同时也是未来规划设计模式有待完善的后续研究部分。

（2）城市时空格局的发展动态与规划模式更新周期。当前城市规划与设计中面临的重大问题之一就是规划策略更新周期无法紧跟城市发展需求，"游憩网"模式作为一种城市规划方法同样存在这方面的问题。由于"游憩网"模式的方法体系源自对游憩行为主体、空间客体两方面相互契合的基础，"游憩网"模式先天就必须消耗更多规划前期调研所需的时间精力成本，以此达到"精准化""标准化"的服务供给目标。所以"游憩网"模式势必会比传统城市规划模式的周期更长也更复杂，对于城市时空格局的发展动态评估需要更多微观层面的调研依据。但是，从客观来说，当前城市发展的问题是多重复杂要素结构导致的综合问题，以"简单"规划结构也很难解决城市发展面临的真正需求。在建立起游憩行为与城市公园对照的规划与设计标准化体系的基础上，未来还需要有更多的学科人才参与到更为复杂的城市研究中来，以期制定适应城市多层次、高品质发展需求的空间规划与设计方案。

2. 并未涉及城市地域的特殊因素

本书以郑州作为实证研究选取地，对郑州 72 个城市公园进行研究，因此推出的"游憩网"模式对于郑州来说具有某种程度上的地域针对性。在考虑到规划理论对于其他城市的适用性方面，未来还需要对除郑州以外的其他城市进行游憩行为实证研究，以此来巩固理论模型，修正对不同地区的游憩资源规划与设计策略。

3. 突发公共事件的挑战

2021 年的郑州 "7·20" 特大暴雨灾害对人们的户外游憩生活产生了影响，就造成了客观物质空间条件并未改变，而游憩行为主体的主观动机发生了变化的现象。本书在获取研究数据过程中也正好经历了这一特殊时期，因此对本书的研究也产生了不可抗力因素的影响。这也有待今后继续使用"城市人"理论作为实证研究依据，进行更为精准的城市研究，为全面提高城市生活水平贡献微薄之力。

参考文献

［1］李晓江，吴承照，王红扬，等.公园城市，城市建设的新模式［J］.城市规划，2019，43（3）：50-58.

［2］我部向联合国"人居三"大会秘书处提交"人居三"中国国家报告［EB/OL］.［2023-04-26］.https：//www.mohurd.gov.cn/xinwen/gzdt/201503/20150302_222763.html.

［3］邢露华.郑州市公园绿地的均衡性评价与调控策略研究［D/OL］.河南农业大学，2020［2023-04-26］.https：//kns.cnki.net/kcms2/article/abstract？v=3uoqIhG8C475KOm_zrgu4lQARvep2SAkyRJRH-nhEQ-BuKg 4okgcHYu-tY3Oz9_DTDhDZM8v1P5fXtg4z5iaz2tvhqha6iREp&uniplatform=NZKPT.DOI：10.27117/d.cnki.ghenu.2020.000237.

［4］郑州市统计局.2021年郑州市人口发展报告［EB/OL］.［2023-04-26］.https：//tjj.zhengzhou.gov.cn/tjgb/6490689.jhtml.

［5］郑州市人民政府.国家发改委正式发布《关于支持郑州建设国家中心城市的指导意见》［EB/OL］.［2023-04-26］.https：//www.zhengzhou.gov.cn/nowe1/38782.jhtml

［6］国务院关于中原城市群发展规划的批复_2017年第2号_中国政府网［EB/OL］.［2023-04-26］.http：//www.gov.cn/gongbao/content/2017/content_5160257.htm.

［7］《郑州建设国家中心城市行动纲要（2017—2035年）》公布_部门解读_河南省人民政府门户网站［EB/OL］.［2023-04-26］.https：//www.henan.gov.cn/2018/02-08/263201.html.

［8］乔墩墩.郑州建设国家中心城市的综合评价及路径研究［D/OL］.河南

大学，2018 ［2023-04-26］. https：//kns. cnki. net/kcms2/article/abstract? v = 3uoqIhG8C475KOm_zrgu4lQARvep2SAkWfZcByc-RON98J6vxPv10ad6ps35e2HJzuXY3mUnNn9szs0tcdhgXex841kd4EGA&uniplatform=NZKPT.

［9］ 杨俊涛，SEUNGMAN B，杜明凯. 近代城市突变发展过程中生态空间演变及动力机制研究——以郑州为例［J］. 华中建筑，2020，38 (1)：5-9.

［10］ 王敏，朱安娜，汪洁琼，等. 基于社会公平正义的城市公园绿地空间配置供需关系——以上海徐汇区为例［J］. 生态学报，2019，39 (19)：7035-7046.

［11］ 李会琴，任红莉，刘晶晶. 长江经济带游憩资源空间分布及影响因素分析［J］. 国土资源科技管理，2021，38 (3)：1-13.

［12］ 王宝强，陈娴，施澄. 基于多源数据的武汉市环城游憩空间特征解析［J］. 中国园林，2021，37 (6)：49-54.

［13］ 徐宇曦，陈一欣，苏杰，等. 环境正义视角下公园绿地空间配置公平性评价——以南京市主城区为例［J］. 应用生态学报，2022，33 (6)：1589-1598.

［14］ 刘娜娜，郭雪艳，崔易翀，等. 上海城市公园夜间延长开放服务需求与管理对策［J］. 华东师范大学学报（自然科学版），2019 (3)：155-163.

［15］ 蒋祺. 传承历史精神、维护城市名片——新型城市化背景下长沙历史风貌特色地段可持续发展的几点思考［C/OL］//规划创新：2010 中国城市规划年会论文集. 中国城市规划学会、重庆市人民政府，2010：4129-4136 ［2023-04-26］. https：//kns. cnki. net/kcms2/article/abstract? v = 3uoqIhG8C467SBiOvrai6S0v32EBguHnM4c5glNtQ3lge9nYXHaUZfYtMP_yRu EFSvYkucpHVERbka4amnSumzxbeE4k2WPb&uniplatform=NZKPT.

［16］ 李亚辉，黄昕彤. 流线逻辑思维下的城市公园开放性研究［C/OL］//面向高质量发展的空间治理——2020 中国城市规划年会论文集（08 城

市生态规划）．中国城市规划学会、成都市人民政府，2021：861-874 ［2023－04－26］．https：//kns．cnki．net/kcms2/article/abstract？v= 3uoqIhG8C467SBiOvrai6TdxYiSzCnOEEIKB-6S51JyFOld47yB1sKgi83M_Pv5h SWVKlFOHvsLc4gZ4-rmsnq8eOYkXScYIUO0arEfi2xQ%3d&uniplatform= NZKPT．DOI：10．26914/c．cnkihy．2021．037138．

[17] 阙维民．"千城一面"困局如何破解［J］．人民论坛，2019（27）： 62-63．

[18] 梁鹤年．城市人［J］．城市规划，2012，36（7）：87-96．

[19] 金云峰，高一凡，沈洁．绿地系统规划精细化调控——居民日常游 憩型绿地布局研究［J］．中国园林，2018，34（2）：112-115．

[20] 何琪潇，谭少华，刘诗芳．城市公园空间庇护感与人群身心健康恢 复绩效的关联性研究［J］．中国园林，2022，38（3）：66-71．

[21] STEPHEN L J S．游憩地理学：理论与方法［M］．第1版．北京：高 等教育出版社，1992．

[22] 马欣．基于市民需求的城市游憩空间结构研究［D/OL］．北京第二 外国语学院，2006［2023-04-26］．https：//kns．cnki．net/kcms2/ar-ticle/abstract？v=3uoqIhG8C475KOm_zrgu4h_jQYuCnj_co8vp4j CX-SivDpWurecxFtDAK5OCGMisLIoU1HBoIlpbFc03r_noEOxsXAGW0O7VB& uniplatform=NZKPT．

[23] 保继刚，楚义芳．旅游地理学（修订版）［M］．第1版．北京：高等 教育出版社，1993．

[24] 张汛翰．游憩规划设计研究——游憩项目设置方法探析［J］．中国 园林，2001（2）：11-13．

[25] 俞晟．城市旅游与城市游憩学［M］．第1版．武汉：华东师范大学 出版社，2003．

[26] 任逸，李保东，杨秋生．社区空间资源对社区满意度的影响机理—— 以郑州市金水区为例［J］．地域研究与开发，2021，40（5）：72-

76, 94.

[27] 田光进, 沙默泉. 基于点状数据与 GIS 的广州大都市区产业空间格局 [J]. 地理科学进展, 2010, 29 (4): 387-395.

[28] 刘付程, 徐胜华, 杨毅, 等. 空间统计分析方法的高校生源分区研究 [J]. 测绘科学, 2019, 44 (11): 81-87.

[29] 梁鹤年. 旧概念与新环境: 以人为本的城镇化 [M]. 第 1 版. 北京: 三联书店, 2016.

[30] 梁鹤年. 自存与共存平衡 [J]. 中国投资 (中英文), 2021 (Z4): 20-21.

[31] 梁鹤年, 沈迟, 杨保军, 等. 共享城市: 自存? 共存? [J]. 城市规划, 2019, 43 (1): 25-30.

[32] 梁鹤年. 以人为本的城镇化 [J]. 人类居住, 2016 (4): 6-8.

[33] 梁鹤年. "以人为本" 国土空间规划的思维范式与价值取向 [J]. 中国土地, 2019 (5): 4-7.

[34] 梁鹤年. "城市人" 理论的基本逻辑和操作程序 [J]. 城市规划, 2020, 44 (2): 68-76.

[35] 周麟, 田莉, 梁鹤年, 等. 基于复杂适应性系统 "涌现" 的 "城市人" 理论拓展 [J]. 城市与区域规划研究, 2018, 10 (4): 126-137.

[36] 魏伟, 张轲, 周婕. 三江源地区人地关系研究综述及展望: 基于 "人事时空" 视角 [J]. 地球科学进展, 2020, 35 (1): 26-37.

[37] 李经纬, 田莉, 周麟, 等. 国土空间规划体系构建的内涵与维度: 基于 "城市人" 视角的解读 [J]. 上海城市规划, 2019 (4): 57-62.

[38] 郭谌达, 周俭. 基于 "城市人" 理论的文化基因视角下传统村落空间特征研究——以张谷英村为例 [J]. 上海城市规划, 2020 (1): 88-92.

[39] 李佳佳, 耿虹, 陈都, 等. "城市人" 视角下民族村寨保护与发展路径探析 [J]. 南方建筑, 2022 (2): 64-71.

［40］魏伟，刘畅．"城市人"视角下国土空间"三线"管制方法探索［J］．城市与区域规划研究，2020，12（2）：200-216．

［41］王晨跃，叶裕民，范梦雪．论城镇开发边界划定与管理的三大关系——基于"城市人"理论的理念辨析［J］．城市规划学刊，2021（1）：28-35．

［42］王佳文，叶裕民，董珂．从效率优先到以人为本——基于"城市人"理论的国土空间规划价值取向思考［J］．城市规划学刊，2020（6）：19-26．

［43］魏伟，洪梦谣，谢波．基于供需匹配的武汉市15分钟生活圈划定与空间优化［J］．规划师，2019，35（4）：11-17．

［44］魏伟，周婕，罗玛诗艺．"城市人"视角下社区公园满意度分析及规划策略——以武汉市武昌区中南路街道为例［J］．城市规划，2018，42（12）：55-66．

［45］魏伟，邓蕾．"城市人"视角下的社区体育设施配置与优化——以武汉市中心城区为例［J］．上海城市规划，2020（4）：76-83．

［46］魏伟，杨欢，陶煜．"城市人"视角下社区卫生服务设施的供需匹配分析及规划策略——以武汉市为例［J］．现代城市研究，2020（5）：38-45．

［47］魏伟，柯泽华．"城市人"视角下社区物流点供需匹配分析及规划方法研究——以武汉市为例［J］．现代城市研究，2020（6）：8-17．

［48］魏伟，熊伊茗．"城市人"理论视角下社区服务中心优化配置策略研究——以武汉市为例［J］．现代城市研究，2021（6）：125-132．

［49］魏伟，唐媛媛，焦永利．"城市人"理论视角下大城市中心区幼儿园布局及优化策略研究——以武汉市武昌区为例［J］．城市发展研究，2020，27（10）：6-13．

［50］魏伟，陶煜，杨欢．大城市中心区小学布局满意度提升规划策略［J］．规划师，2020，36（16）：13-18．

［51］魏伟，洪梦谣，周婕，等．"城市人"视角下城市基本公共服务设施评估方法——以武汉市为例［J］．城市规划，2020，44（10）：71-80.

［52］魏伟，王兵，牛强，等．"城市人理论"视角下社区公共服务设施配套友好性策略探讨——以武汉市典型社区为例［J］．城市建筑，2018（12）：8-12.

［53］夏菁．"城市人"视角下残疾人聚居空间满意度研究——以南京市为例［J］．城市规划，2019，43（2）：46-51，66.

［54］李翅，赵凯茜，高梦瑶，等．"城市人"理念下大型居住社区生活圈优化途径［J］．风景园林，2021，28（4）：27-33.

［55］孙冰雪．"城市人"视角下公交站点友好性规划策略——以武汉市典型生活圈为例［J］．城市建筑，2020，17（12）：21-24.

［56］梁鹤年．旧概念与新环境（一）：柏拉图的"恒"［J］．城市规划，2012，36（6）：74-83.

［57］梁鹤年．旧概念与新环境（三）：亚里士多德的"变"［J］．城市规划，2012，36（9）：59-69，90.

［58］梁鹤年．旧概念与新环境（四）：亚奎那的"普世价值"［J］．城市规划，2013，37（7）：87-96.

［59］梁鹤年．再谈"城市人"——以人为本的城镇化［J］．城市规划，2014，38（9）：64-75.

［60］吴承照．游憩规划的定性、定位与定向［J］．城市规划汇刊，1997（6）：23-27，32-64.

［61］柴彦威．行为地理研究中的几个方法论问题［C/OL］//地理学会全面建设小康社会——第九次中国青年地理工作者学术研讨会论文摘要集．中国地理学会、中国地理学会青年地理工作者委员会、安徽师范大学、安徽师范大学国土资源与旅游学院、安徽省地理学会、安徽师范大学旅游发展与规划研究中心，2003：15-20［2023-04-26］．https：//kns．cnki．net/kcms2/article/abstract？v = 3uoqIhG8C467SBiOvrai6cVePIG

uwmbS3U2ptMn63qQy--Q2X_CarCOMP0kG8r5tblJwdxGM3i9TRtvMyfE
572aARLMkZtt_&uniplatform=NZKPT.

[62] 周燧．镇海招宝山半山景区游憩空间构图 [J]．中国园林，1988
（3）：30-32.

[63] О.Н. АНЦУКЕВИЧ，薛树田．游憩森林利用的经济原则 [J]．中南
林业调查规划，1984（4）：41-42.

[64] 何绿萍．城市游憩绿地的几个问题 [J]．中国园林，1986（3）：3，
11-19.

[65] 吴必虎．上海城市游憩者流动行为研究 [J]．地理学报，1994（2）：
117-127.

[66] 吴必虎，黄安民，孔强．长春市城市游憩者行为特征研究 [J]．旅
游学刊，1996（2）：26-29，62-63.

[67] 吴必虎．旅游系统：对旅游活动与旅游科学的一种解释 [J]．旅游
学刊，1998（1）：20-24.

[68] 吴必虎．苏联东欧旅游地理学发展综述 [C/OL] //旅游开发与旅游
地理．中国地理学会、青岛大学、北京第二外国语学院，1989：137-
143 [2023-04-26]．https：//kns.cnki.net/kcms2/article/abstract?
v=3uoqIhG8C467SBiOvrai6S0v32EBguHnM4c5glNtQ3kxna45YA_yhumS-
busl41GkgQ1W_zym-JhzG05tUxOhngfkNq9U1koq&uniplatform=NZKPT.

[69] 吴必虎．大城市环城游憩带（ReBAM）研究——以上海市为例 [J]．
地理科学，2001（4）：354-359.

[70] 吴必虎，伍佳，党宁．旅游城市本地居民环城游憩偏好：杭州案例
研究 [J]．人文地理，2007（2）：27-31.

[71] 刘鲁，徐小波，吴必虎．环城游憩汀（ReLAM）：一种值得探询的新
型空间要素 [J]．地域研究与开发，2017，36（2）：56-60，73.

[72] 党宁，吴必虎，俞沁慧．1970—2015年上海环城游憩带时空演变与
动力机制研究 [J]．旅游学刊，2017，32（11）：81-94.

[73] 党宁, 吴必虎, 张雯霞. 计划行为还是理性行为? 上海居民近城游憩行为研究 [J]. 人文地理, 2017, 32 (6): 137-145.

[74] 张立明, 赵黎明. 城郊旅游开发的影响因素与空间格局 [J]. 商业研究, 2006 (6): 181-184.

[75] 张立明. 环城市游憩开发系统研究 [D/OL]. 天津大学, 2007 [2023-04-26]. https://kns.cnki.net/kcms2/article/abstract? v = 3uoqIhG8 C447WN1SO36whNHQvLEhcOy4v9J5uF5OhrkGID6XhvjmsP-BRo4JF5TlKKu-6zKm2h8CocCpwIAECrqK1ehM2qO8&uniplatform=NZ-KPT.

[76] 肖亮, 张立明, 王剑. 武汉市居民城市森林游憩需求特征调查 [J]. 林业调查规划, 2007 (1): 124-127.

[77] 张立明. 环城市游憩开发系统动力分析及调控 [J]. 珞珈管理评论, 2011 (2): 129-142.

[78] 彭顺生. 穗港澳居民环城游憩行为比较研究 [J]. 旅游学刊, 2006 (12): 22-28.

[79] 彭顺生. 广州市居民环城游憩行为特征研究 [J]. 人文地理, 2007 (1): 53-57.

[80] 彭顺生, 李醒, 周韵婷. 基于广交会外来客商视角的游憩线路设计 [J]. 中国商论, 2015 (20): 107-108.

[81] 那守海, 翟福生, 赵希勇. 基于生态位理论的哈尔滨环城游憩带空间布局研究 [J]. 中国农业资源与区划, 2018, 39 (3): 212-219.

[82] 杨璐, 曾莉, 周霞. 乡村振兴战略下重庆环城游憩带发展定位与完善建议探究 [J]. 旅游纵览, 2022 (1): 102-104.

[83] 李露, 张大玉. 环城休闲农业景观 (ATL-ReBAM) 营建研究——以成都为例 [J]. 中国园林, 2020, 36 (2): 80-84.

[84] 李锦林. 环城乡村游憩带规划设计研究——以海口市为例 [J]. 社会科学家, 2021 (7): 51-56, 74.

[85] 黄向，保继刚，GEOFFREY W. 场所依赖（place attachment）：一种游憩行为现象的研究框架 [J]. 旅游学刊，2006（9）：19-24.

[86] 邹伏霞，阎友兵，王忠. 基于场所依赖的旅游地景观设计 [J]. 地理与地理信息科学，2007（4）：81-84.

[87] 白凯. 乡村旅游地场所依赖和游客忠诚度关联研究——以西安市长安区"农家乐"为例 [J]. 人文地理，2010，25（4）：120-125.

[88] 张春晖，白凯. 乡村旅游地品牌个性与游客忠诚：以场所依赖为中介变量 [J]. 旅游学刊，2011，26（2）：49-57.

[89] 戴光全，梁春鼎. 基于扎根理论的节事场所依赖维度探索性研究——以2011西安世界园艺博览会为例 [J]. 地理科学，2012，32（7）：777-783.

[90] 苏亚云，杨建明，张丽雪. 景区吸引力、游憩体验、满意度与忠诚度关系之探讨——基于闽侯休闲农业景区的实证研究 [J]. 旅游论坛，2014，7（6）：18-22.

[91] 周慧玲，许春晓. 旅游者"场所依恋"形成机制的逻辑思辩 [J]. 北京第二外国语学院学报，2009，31（1）：22-26.

[92] 周慧玲. 旅游者"场所依恋"的形成机制及实证研究 [D/OL]. 湖南师范大学，2009 [2023-04-26]. https：//kns. cnki. net/kcms2/article/abstract？v = 3uoqIhG8C475KOm_zrgu4lQARvep2SAk6at - NE8M3 PgrTsq96O 6n6Tdd4oXdRXdf6Q2RXwyHY3H0b1O2WyhW1RfjpAGIZee8& uniplatform = NZKPT.

[93] 周慧玲，许春晓，唐前松. "认知差距"、"情感"与旅游者"场所依恋"的关系研究——以都江堰为例 [J]. 人文地理，2010，25（5）：132-136.

[94] 刘群阅，尤达，潘明慧，等. 游憩者场所感知与恢复性知觉关系研究——以福州温泉公园为例 [J]. 旅游学刊，2017，32（7）：77-88.

[95] 刘群阅，尤达，朱里莹，等. 游憩者场所依恋与恢复性知觉关系研

究——以福州城市公园为例 [J]. 资源科学, 2017, 39（7）：1303-1313.

[96] 刘群阅, 吴瑜, 肖以恒, 等. 城市公园恢复性评价心理模型研究——基于环境偏好及场所依恋理论视角 [J]. 中国园林, 2019, 35（6）：39-44.

[97] 尤达, 刘群阅, 艾嘉蓓, 等. 森林公园游憩者依恋情感对恢复性体验影响研究 [J]. 林业经济问题, 2018, 38（5）：66-71, 108.

[98] 尤达, 刘群阅, 艾嘉蓓, 等. 校园绿地使用特征与环境恢复性知觉关系 [J]. 上海交通大学学报（农业科学版）, 2018, 36（6）：66-73.

[99] 陈浩, 肖玲. 场所依恋量表在城市公园中的测量及其应用 [J]. 华南师范大学学报（自然科学版）, 2015, 47（5）：140-146.

[100] 陈浩. 城市公园居民场所依恋影响关系及其机理研究 [J]. 城市地理, 2018（10）：45-46.

[101] 周卫, 聂晓嘉, 闫晨, 等. 森林公园游客恢复性知觉、场所依恋与幸福感的关系研究 [J]. 林业经济问题, 2021, 41（5）：527-535.

[102] 周卫, 范少贞, 李从治, 等. 森林旅游体验对中高龄游客生活质量的影响 [J]. 中国城市林业, 2022, 20（2）：63-67.

[103] 吴安格, 林广思. 城市公园使用者的场所依恋影响因素探索——以广州市流花湖公园与珠江公园为例 [J]. 中国园林, 2018, 34（6）：88-93.

[104] 陈海波. 旅游者场所依恋的形成机制及其管理启示 [J]. 旅游研究, 2011, 3（2）：62-67.

[105] 陈海波, 汤腊梅, 许春晓. 海岛度假旅游地重游者动机及其市场细分研究——以海南国际旅游岛为例 [J]. 旅游科学, 2015, 29（6）：68-80.

[106] 朱正英. 环境偏好及场所依恋与口袋公园活力性影响关系研究 [D/OL]. 北京建筑大学, 2020 [2023-04-26]. https://kns.cnki.net/kcms2/

article/abstract？v＝3uoqIhG8C475KOm_zrgu4lQARvep2SAkHr3 ADh-kADnVu66WViDP_3FkpTpmHH8YQQFuwoZ46E8tzPlx－dBLh－Bh-mY89j418l&uniplatform＝NZKPT. DOI：10.26943/d.cnki.gbjzc.2020.000130.

[107] 朱正英，孙立．口袋公园活力性影响关系研究：基于环境偏好及场所依恋理论视角［J］．北京规划建设，2021（1）：135-139.

[108] 林广思，吴安格，蔡珂依．场所依恋研究：概念、进展和趋势［J］．中国园林，2019，35（10）：63-66.

[109] 罗艳菊，吴楚材，邓金阳．基于游憩动机的游客游憩利用影响感知差异——以张家界国家森林公园为例［J］．林业经济问题，2007（1）：58-61.

[110] 宋秋．城市居民游憩动机及影响因素实证研究［J］．软科学，2008（6）：22-26.

[111] 曾瑶．郊野公园游憩者动机和偏好研究［D/OL］．首都师范大学，2012［2023-04-26］．https：//kns.cnki.net/kcms2/article/abstract？v＝3uoqIhG8C475KOm_zrgu4lQARvep2SAkVNKPvpjdBoadmPoNwLRuZ6yFuwj7pGPUHDPD9iLz9jvm60BbT7mTnxG2cCszQ9AE&uniplatform＝NZKPT.

[112] 杨建明，余雅玲．基于EFA方法的森林游客游憩动机研究——以福州市森林公园为例［I］．林业经济问题，2013，33（4）：366-372.

[113] 余雅玲．森林公园游客游憩动机与行为实证研究［D/OL］．福建师范大学，2013［2023-04-26］．https：//kns.cnki.net/kcms2/article/abstract？v＝3uoqIhG8C475KOm_zrgu4lQARvep2SAk8URRK9V8kZLG_vkiPpTeIUwyos－oILbNn07HCDeNHhMVAES68_8－nqnNPm834KGg&uniplatform＝NZKPT.

[114] 赵静，宣国富，朱莹．转型期城市居民公园游憩动机及其行为特征——以南京玄武湖公园为例［J］．地域研究与开发，2016，35

（2）：113-118，133.

[115] 陈渊博．广州城市公园游憩者幸福感研究［D/OL］．华南理工大学，2018［2023-04-26］．https：//kns. cnki. net/kcms2/article/abstract？v = 3uoqIhG8C475KOm_zrgu4lQARvep2SAkZIGkvqfmUZglMdu7fCR48_AeTl xtjpuMHaHGn7qirgJTZbxvIokok2l9LAfA2QvT&uniplatform=NZKPT.

[116] 曾真，郑俊鸣，江登辉，等．竹林游憩动机及模式构建研究［J］．林业经济问题，2021，41（4）：432-441.

[117] 曾真，朱南燕，王丹，等．基于游客游憩动机及行为特征下的城市绿道优化策略研究——以福州市福道为例［J］．山东农业大学学报（自然科学版），2018，49（4）：639-645.

[118] 曾真，陈凌艳，何天友，等．城市公园游憩者的环境责任行为模型构建［J］．中国城市林业，2021，19（5）：66-70.

[119] 张建国，胡洁思．森林运动小镇游客游憩动机与满意度关系研究［J］．南京林业大学学报（自然科学版），2021，45（4）：201-209.

[120] 吴娜，陈海鹰，傅安国．游憩环境、游憩体验对游客满意度和行为意向的影响——以海南东寨港红树林旅游区为例［J］．湿地科学，2021，19（1）：64-77.

[121] DORFMAN P W. Measurement and Meaning of Recreation Satisfaction：A Case Study in Camping［J］. Environment and Behavior，1979，11（4）：483-510.

[122] 袁建琼．游憩规划研究［D/OL］．中南林学院，2003［2023-04-30］．https：//kns. cnki. net/kcms2/article/abstract？v = Mio27DFCfpA2-tPeRyq0Q9mYdvIXdizgyze4ZaIRNo8b-bQIl8kzLCowIebDpV0PiKt2FyDc3C AdUdaWEm3ev2apg8-xccIBfrx5U8f-SB7z7lWU_kuHGg = = &uniplatform = NZKPT&language=gb.

[123] 李江敏，张立明．都市居民环城游憩行为初探——以武汉市为例［J］．开发研究，2004（6）：83-85.

[124] 李江敏，张立明．基于环城游憩带建设的城郊土地利用研究［J］．理论月刊，2005（5）：82-83.

[125] 李江敏，刘承良．武汉环城游憩地空间演变研究［J］．人文地理，2006（6）：90-96.

[126] 李江敏，丁黎明，李志飞．城市居民环城游憩满意度评价——以武汉市为例［J］．消费经济，2008（3）：56-59.

[127] 李江敏．环城游憩体验价值与游客满意度及行为意向的关系研究［D/OL］．中国地质大学，2011［2023-04-26］．https：//kns.cnki.net/kcms2/article/abstract？v=3uoqIhG8C447WN1SO36whHG-SvTYjkCc7dJWN_daf9c2-IbmsiYfKuDVvU9NFpfuHiABPOdpnm7x_LuPiZABOJfh-bntf4xmn&uniplatform=NZKPT.

[128] 毕赛云，韩玉婷．北京市居民森林游憩满意度研究［J］．江苏商论，2019（1）：68-72，76.

[129] 林菲菲，陈秋华，严羽爽，等．城郊森林公园游憩满意度影响因素研究［J］．中国林业经济，2020（2）：79-83.

[130] 毛小岗，宋金平，冯徽徽，等．基于结构方程模型的城市公园居民游憩满意度［J］．地理研究，2013，32（1）：166-178.

[131] 张佳裔．基于logistic分析的杭州城市公园游憩满意度评价［D/OL］．浙江农林大学，2020［2023-04-26］．https：//kns.cnki.net/kcms2/article/abstract？v=3uoqIhG8C475KOm zrgu4lQARvep2SAkyRIRH-nhFQ-BuKg4okgc HYq-Q9NKRfAj6II5MPY2MaBkr5GXg9ZtuuHI_F_8kZJX1&uniplatform=NZKPT. DOI：10.27756/d.cnki.gzjlx.2020.000051.

[132] 李英，朱思睿，陈振环，等．城市森林公园游憩者感知差异研究——基于城市休闲服务供给视角［J］．生态经济，2019，35（1）：114-118.

[133] 秦俊丽．居民城郊游憩满意度实证研究——以山西省大同市民为例［J］．经济问题，2016（4）：117-122.

[134] 王菲，王志泰，邢龙，等．基于游客体验分析的山体公园服务设施研究——以贵阳市黔灵山公园为例［J］．中国园林，2020，36（6）：101-106.

[135] 刘琦，潘悦，张沚晴，等．基于 IPA 分析的上海典型滨江公共空间游憩满意度［J］．中国城市林业，2021，19（2）：29-34.

[136] 罗艳菊，黄宇，毕华，等．游憩冲击对游憩体验的影响——以三亚景区为例［J］．海南师范大学学报（自然科学版），2010，23（2）：204-208.

[137] 代辉．深圳老年人公园游憩动机、游憩满意度与主观幸福感关系研究［D/OL］．暨南大学，2020［2023-04-26］. https：//kns. cnki. net/kcms2/article/abstract？v＝3uoqIhG8C475KOm_zrgu4lQARvep2SAkOTSE1G1uB0_um8HHdEYmZukANHvBbwJzE_ynH8y-xwak97pw3H6gH1l0uKnR5Vb2&uniplatform＝NZKPT. DOI：10. 27167/d. cnki. gjinu. 2020. 001897.

[138] 蔡秋阳，高翅．园林博览园游客满意度影响因素及机理分析——基于结构方程模型的实证研究［J］．中国园林，2016，32（8）：58-64.

[139] 刘为濂．基于游客感知价值的城市公园游憩质量评价［D/OL］．北京林业大学，2017［2023-04-26］. https：//kns. cnki. net/kcms2/article/abstract？v＝3uoqIhG8C475KOm_zrgu4lQARvep2SAkEcTGK3Qt5VuzQzk0e7M1z5GJVIRQjU_68VN0c4h6MI6GUI8m4KtNj6T62rfbI3qR&uniplatform＝NZKPT. DOI：10. 26949/d. cnki. gblyu. 2017. 000267.

[140] 陈培．基于 SEM 的长沙城市公园游客游憩满意度研究［D/OL］．中南林业科技大学，2014［2023-04-26］. https：//kns. cnki. net/kcms2/article/abstract？v＝3uoqIhG8C475KOm_zrgu4lQARvep2SAkbl4wwVeJ9 Rm-nJRGnwiiNVigzH5Qmvu2YUn5vkNMhqF1euDDYqT6T2zVm6eenCvdv&uniplatform＝NZKPT.

[141] 任斌斌，李延明，卜燕华，等．北京冬季开放性公园使用者游憩行

为研究 [J]. 中国园林, 2012, 28 (4): 58-61.

[142] 王雅云. 城市公园居民游憩满意度及其影响因素分析 [J]. 安徽建筑大学学报, 2021, 29 (3): 120-126.

[143] 余勇, 田金霞, 粟娟. 场所依赖与游客游后行为倾向的关系研究——以价值感知、满意体验为中介变量 [J]. 旅游科学, 2010, 24 (3): 54-62, 74.

[144] 张省, 周燕, 杨倩. 城市综合公园居民游憩满意度影响因素分析——以深圳市综合公园为例 [J]. 风景园林, 2021, 28 (3): 82-87.

[145] 毕波, 杨婷婷, 马春叶, 等. 儿童友好的街区中小学生放学空间与行为互动研究——以万柳片区和大栅栏片区为例 [J]. 风景园林, 2022, 29 (2): 119-126.

[146] ASHBURNER J K. A Recreation and Social Programme Conducted with the Institutionalized Aged [J]. Australian Occupational Therapy Journal, 2010, 26 (3): 139-146.

[147] YOESTING D R, CHRISTENSEN J E. Reexamining the Significance of Childhood Recreation Patterns on Adult Leisure Behavior [J]. Leisure Sciences, 1978, 1 (3): 219-229.

[148] NAPIER T L, BRYANT E G. Attitudes Toward Outdoor Recreation Development: An Application of Social Exchange Theory [J]. Leisure Sciences, 1980, 3 (2): 169-187.

[149] BAUMGARTNER R, HEBERLEIN T A. Process, Goal, and Social Interaction Differences in Recreation: What Makes an Activity Substitutable [J]. Leisure Sciences, 1979, 4 (4): 443-458.

[150] HARRY B D & J. Who Hates Whom in the Great Outdoors: The Impact of Recreational Specialization and Technologies of Play [J/OL]. Leisure Sciences, 1981 [2023-04-26]. http://www.tandfonline.com/doi/abs/10.1080/01490408109512977. DOI:

10. 1080/01490408109512977.

[151] COLTON C W. Leiswro, Recreation, Tourism: A Symbolic Interactionism View [J/OL]. Annals of Tourism Research, 1987 [2023-04-26]. http://dx. doi. org/10. 101610160-7383 (87) 90107-1.

[152] KIM, JIN-TAK. A Survey on the Present Condition of Social Tourism, Recreation-With Special Focus on Taegu Citizens [J/OL]. Journal of Tourism Sciences, 1983 [2023-04-26]. http://www. dbpia. co. kr/Journal/ArticleDetail/NODE01018730.

[153] BECKER R H, JUBENVILLE A, BURNETT G W. Fact and Judgment in the Search for a Social Carrying Capacity [J]. Leisure Sciences, 1984, 6 (4): 475-486.

[154] STOKOWSKI P A. Extending the Social Groups Model: Social Network Analysis in Recreation Research [J]. Leisure Sciences, 1990, 12 (3): 251-263.

[155] GRAY D E. American Management Lessons from the Japanese [J]. Journal of Park & Recreation Administration, 1983: 1-6.

[156] HEYWOOD J L. Social Regularities in Outdoor Recreation [J]. Leisure Sciences, 1996, 18 (1): 23-37.

[157] MCAVOY L, DUSTIN D. Indirect Versus Direct Regulation of Recreation Behavior [J/OL]. Journal of Park and Recreation Administration, 1983 [2023 - 04 - 26]. http://semanticscholar. org/paper/230dfb80bc3b4a7dfb7249b7d7588dee989db045.

[158] DUSTIN D, MCAVOY L, BECK L, et al. Promoting Recreationist Self-sufficiency [J/OL]. 1986 [2023 - 04 - 26]. http://www. researchgate. net/publication/302213700_Promoting_recreationist_self-sufficiency.

[159] HEYWOOD J L. Conventions, Emerging Norms, and Norms in Outdoor Recreation [J]. Leisure Sciences, 1996, 18 (4): 355-363.

［160］HEYWOOD J L. Game Theory： A Basis for Analyzing Emerging Norms and Conventions in Outdoor Recreation ［J］. Leisure Sciences, 1993, 15 (1)： 37-48.

［161］HEYWOOD J L. The Cognitive and Emotional Components of Behavior Norms in Outdoor Recreation ［J］. Leisure Sciences, 2002, 24 (3-4)： 271-281.

［162］HEYWOOD J L. Institutional Norms and Evaluative Standards for Parks and Recreation Resources Research, Planning, and Management ［J］. Leisure Sciences, 2011, 33 (5)： 441-449.

［163］SCHUSTER R M, HAMMITT W E, MOORE D. A Theoretical Model to Measure the Appraisal and Coping Response to Hassles in Outdoor Recreation Settings ［J］. Leisure Sciences, 2003, 25 (2-3)： 277-299.

［164］SCHUSTER R, HAMMITT W E, MOORE D. Stress Appraisal and Coping Response to Hassles Experienced in Outdoor Recreation Settings ［J］. Leisure Sciences, 2006, 28 (2)： 97-113.

［165］DICKSON S, HALL T E. An Examination of Whitewater Boaters' Expectations： Are Pre-Trip and Post-Trip Measures Consistent? ［J］. Leisure Sciences, 2006, 28 (1)： 1-16.

［166］KACZYNSKI A T, HENDERSON K A. Environmental Correlates of Physical Activity： A Review of Evidence about Parks and Recreation ［J］. Leisure Sciences, 2007, 29 (4)： 315-354.

［167］SHARPE E K. Resources at the Grassroots of Recreation： Organizational Capacity and Quality of Experience in a Community Sport Organization ［J］. Leisure Sciences, 2006, 28 (4)： 385-401.

［168］BEATON A A, FUNK D C. An Evaluation of Theoretical Frameworks for Studying Physically Active Leisure ［J］. Leisure Sciences, 2008, 30 (1)： 53-70.

［169］ VASKE J J, MANNING R E. Analysis of Multiple Data Sets in Outdoor Recreation Research: Introduction to the Special Issue ［J］. Leisure Sciences, 2008, 30（2）: 93-95.

［170］ VIRDEN R, KNOPF R. Activities, Experiences, and Environmental Settings: A Case Study of Recreation Opportunity Spectrum Relationships ［J］. Leisure Sciences, 1989, 11（3）: 159-176.

［171］ MARANS R W. Understanding Environmental Quality Through Quality of Life Studies: The 2001 DAS and Its Use of Subjective and Objective Indicators ［J］. Landscape and Urban Planning, 2003, 65（1-2）: 73-83.

［172］ MORE T A, AVERILL J R. The Structure of Recreation Behavior ［J］. Journal of Leisure Research, 2003, 35（4）: 372-395.

［173］ HEYWOOD J L, CHRISTENSEN J E, STANKEY G H. The Relationship Between Biophysical and Social Setting Factors in the Recreation Opportunity Spectrum ［J］. Leisure Sciences, 1991, 13（3）: 239-246.

［174］ BRIGHT A D, MANFREDO M J. Moderating Effects of Personal Importance on the Accessibility of Attitudes Toward Recreation Participation ［J］. Leisure Sciences, 1995, 17（4）: 281-294.

［175］ BRIGHT A D. Attitude-Strength and Support of Recreation Management Strategies ［J］. Journal of Leisure Research, 1997, 29（4）: 363-379.

［176］ BRIGHT A D. A Within-Subjects/Multiple Behavior Alternative Application of the Theory of Reasoned Action: A Case Study of Preferences for Recreation Facility Development ［J］. Leisure Sciences, 2003, 25（4）: 327-340.

［177］ VITTERSØ J, VORKINN M, VISTAD O I. Congruence between Recreational Mode and Actual Behavior—A Prerequisite for Optimal Experiences? ［J］. Journal of Leisure Research, 2001, 33（2）: 137-159.

［178］ HENDERSON K A, BIALESCHKI M D. People and Nature-Based Recreation [J]. Leisure Sciences, 2008, 30 (3): 273-273.

[179] PETERSON M N, HULL V, MERTIG A G, et al. Evaluating Household-Level Relationships between Environmental Views and Outdoor Recreation: The Teton Valley Case [J]. Leisure Sciences, 2008, 30 (4): 293-305.

[180] WILLIAMS D R, PATTERSON M E, ROGGENBUCK J W, et al. Beyond the Commodity Metaphor: Examining Emotional and Symbolic Attachment to Place [J]. Leisure Sciences, 1992, 14 (1): 29-46.

[181] HAMMITT W E, KYLE G T, OH C O. Comparison of Place Bonding Models in Recreation Resource Management [J]. Journal of Leisure Research, 2009, 41 (1): 57-72.

[182] PFAHL M E, CASPER J M. Environmental Behavior Frameworks of Sport and Recreation Undergraduate Students [J]. Sport Management Education Journal, 2012, 6 (1): 8-20.

[183] PITAS N A, MOWEN A, TAFF B D, et al. Values, Ideologies, Attitudes, and Preferences for Relative Allocations to Park and Recreation Services [J]. Leisure Sciences, 2019 (2): 1-20.

[184] LEE T H, JAN F H. The Influence of Recreation Experience and Environmental Attitude on the Environmentally Responsible Behavior of Community-based Tourists in Taiwan [J]. Journal of Sustainable Tourism, 2015, 23 (7): 1 32.

[185] LEE T H, JAN F H. The Effects of Recreation Experience, Environmental Attitude, and Biospheric Value on the Environmentally Responsible Behavior of Nature-Based Tourists [EB/OL]. [2023-04-26]. https://d.wanfangdata. com. cn/periodical/1d52f3ab74393e833560f9fc 121d35e7.

[186] LEE T H. How Recreation Involvement, Place Attachment and Conservation Commitment Affect Environmentally Responsible Behavior [J]. Journal of Sustainable Tourism, 2011, 19 (7): 895-915.

［187］ LARSON L R, COOPER C B, STEDMAN R C, et al. Place – Based Pathways to Proenvironmental Behavior: Empirical Evidence for a Conservation–Recreation Model ［J］. Society & Natural Resources, 2018, 31 (8): 871–891.

［188］ WHITING J W, LARSON L R, GREEN G T, et al. Outdoor Recreation Motivation and Site Preferences Across Diverse Racial/Ethnic Groups: A Case Study of Georgia State Parks ［J］. Journal of Outdoor Recreation & Tourism, 2017, 18: 10–21.

［189］ ELLIS G D, JIANG J, FREEMAN P A, et al. In Situ Engagement During Structured Leisure Experiences: Conceptualization, Measurement, and Theory Testing ［J］. Leisure Sciences, 2022, 44 (8): 1146 – 1164.

［190］ WEST S T, CROMPTON J L. A Comparison of Preferences and Perceptions of Alternate Equity Operationalizations ［J］. Leisure Sciences, 2008, 30 (5): 409–428.

［191］ DEVINE M A, PARR M G. "Come on in, But Not too Far": Social Capital in an Inclusive Leisure Setting ［J］. Leisure Sciences, 2008, 30 (5): 391–408.

［192］ DAGENHARDT B, FKICK J, BUCHECKEK M, GUTSCHER H. Influences of Personal, Social, and Environmental Factors on Workday Use Frequency of the Nearby Outdoor Recreation Areas by Working People ［J］. Leisure Sciences, 2011, 33 (5): 420–440.

［193］ STODOLSKA M, SHINEW K J, ACEVEDO J C, et al. "I Was Born in the Hood": Fear of Crime, Outdoor Recreation and Physical Activity Among Mexican–American Urban Adolescents ［J］. Leisure Sciences, 2013, 35 (1): 1–15.

［194］ OFTEDAL A, KANG H K, et al. Perceptions and Responses to Conflict:

Comparing Men and Women in Recreational Settings [J]. Leisure Sci, 2015, 2015, 37 (1): 39-67.

[195] FERNANDEZ M, SHINEW K J, STODOLSKA M. Effects of Accultura-tion and Access on Recreation Participation Among Latinos [J]. Leisure Sciences, 2015, 37 (3): 210-231.

[196] JEON J H, CASPER J M. An Examination of Recreational Golfers' Psy-chological Connection, Participation Behavior, and Perceived Constraints [J]. Journal of Leisure Research, 2021, 52 (1): 62-76.

[197] HILL E, GOLDENBERG M, ZHU X, et al. Using Means-End of Rec-reation Scale (MERS) in Outdoor Recreation Settings: Factorial and Structural Tenability [J]. Journal of Leisure Research, 2022, 53 (3): 492-507.

[198] YOUNG C W, SMITH R V. Aggregated and Disaggregated Outdoor Rec-reation Participation Models [J]. Leisure Sciences, 1979, 2 (2): 143-154.

[199] HAMMITT W E. The Familiarity-preference Component of On-site Rec-reational Experiences [J]. Leisure Sciences, 1981, 4 (2): 177-193.

[200] HAMMITT W E. Toward an Ecological Approach to Perceived Crowding in Outdoor Recreation [J]. Leisure Sciences, 1983, 5 (4): 309-320.

[201] WESTOVER T N, COLLINS J R. Perceived Crowding in Recreation Set-tings: An Urban Case Study [J]. Leisure Sciences, 1987, 9 (2): 87-99.

[202] YOON J I, KYLE G, HSU Y C, et al. Coping with Crowded Recreation Settings: A Cross - cultural Investigation [J]. Journal of Leisure Research, 2021, 52 (1): 1-21.

[203] VERBOS R I, ALTSCHULER B, BROWNLEE M T J. Weather Studies in Outdoor Recreation and Nature-Based Tourism: A Research Synthesis

and Gap Analysis [J]. Leisure Sciences, 2018, 40 (6): 533-556.

[204] RICE W L, REIGNER N, FREEMAN S, et al. The Impact of Protective Masks on Outdoor Recreation Crowding Norms During a Pandemic [J]. Journal of Leisure Research, 2022, 53 (3): 340-356.

[205] WILLIAMS D R, ELLIS G D, NICKERSON N P, et al. Contributions of Time, Format, and Subject to Variation in Recreation Experience Preference Measurement [J]. Journal of Leisure Research, 1988, 20 (1): 57-68.

[206] SIDERELIS C, MOORE R L. Recreation Demand and the Influence of Site Preference Variables [J]. Journal of Leisure Research, 1998, 30 (3): 301-318.

[207] KIL N, STEIN T V, HOLLAND S M, et al. The Role of Place Attachment in Recreation Experience and Outcome Preferences Among Forest Bathers [EB/OL]. 2021 [2023-02-09]. http://www.sciencedirect.com/science/article/pii/S2213078021000463. DOI: 10.1016/j.jort.2021.100410.

[208] VITTERSØ J, VORKINN M, VISTAD O I. Congruence between Recreational Mode and Actual Behavior—A Prerequisite for Optimal Experiences? [J]. Journal of Leisure Research, 2001, 33 (2): 137-159.

[209] LI C L, ABSHER J D, GRAEFE A R, et al. Services for Culturally Diverse Customers in Parks and Recreation [J]. Leisure Sciences, 2008, 30 (1): 87-92.

[210] SMITH J W, SIDERELIS C, MOORE R L. The Effects of Place Attachment, Hypothetical Site Modifications and Use Levels on Recreation Behavior [J]. Journal of Leisure Research, 2010, 42 (4): 621-640.

[211] HEINTZMAN P. Nature-Based Recreation and Spirituality: A Complex Relationship [J]. Leisure Sciences, 2009, 32 (1): 72-89.

［212］DEGENHARDT B, BUCHECKER M. Exploring Everyday Self-Regulation in Nearby Nature: Determinants, Patterns, and a Framework of Nearby Outdoor Recreation Behavior ［J］. Leisure Sciences, 2012, 34 (5): 450-469.

［213］ITO E, WALKER G J, LIU H, et al. A Cross-Cultural/National Study of Canadian, Chinese, and Japanese University Students' Leisure Satisfaction and Subjective Well-Being ［J］. Leisure Sciences, 2017, 39 (2): 186-204.

［214］LOVELOCK B, WALTERS T, JELLUM C, et al. The Participation of Children, Adolescents, and Young Adults in Nature-Based Recreation ［J］. Leisure Sciences, 2016, 38 (5): 441-460.

［215］LUNDBERG N, TANIGUCHI S, MCGOVERN R, et al. Female Veterans' Involvement in Outdoor Sports and Recreation: A Theoretical Sample of Recreation Opportunity Structures ［J］. Journal of Leisure Research, 2016, 48 (5): 413-430.

［216］BURKETT E, CARTER A. It's Not About the Fish: Women's Experiences in a Gendered Recreation Landscape ［J］. Leisure Sciences, 2022, 44 (7): 1013-1030.

［217］ROSA C D, LARSON L R, SILVIA COLLADO, et al. Gender Differences in Connection to Nature, Outdoor Preferences, and Nature-Based Recreation Among College Students in Brazil and the United States ［J］. Leisure Sciences, 2023, 45 (2): 135-155.

［218］COLLEY K, CURRIE M J B, IRVINE K N. Then and Now: Examining Older People's Engagement in Outdoor Recreation Across the Life Course ［J］. Leisure Sciences, 2019, 41 (3): 186-202.

［219］YUAN K S, WU T J. Environmental Stressors and Well-being on Middle-aged and Elderly People: the Mediating Role of Outdoor Leisure Behaviour and Place Attachment [J/OL]. Environmental Science and Pollution Research, 2021 [2023 – 02 – 09]. https：//doi. org/10. 1007/s11356 – 021 – 13244-7. DOI：10. 1007/s11356-021-13244-7.

[220] OUTLEY C W, WITT P A. Working with Diverse Youth：Guidelines for Achieving Youth Cultural Competency in Recreation Services [J/OL]. Journal of Park and Recreation Administration, 2006, 24 (4) [2023-02-09]. https：//js. sagamorepub. com/jpra/article/view/1397.

[221] STODOLSKA M, SHINEW K J, CAMARILLO L N. Constraints on Recreation Among People of Color：Toward a New Constraints Model [J]. Leisure Sciences, 2020, 42 (5-6)：533-551.

[222] DHAMI I, DENG J. Linking the Recreation Opportunity Spectrum with Travel Spending：A Spatial Analysis in West Virginia [J]. Leisure Sciences, 2018, 40 (6)：508-532.

[223] FESENMAIER D R, GOODCHILD M F, LIEBER S R. The Importance of Urban Milieu in Predicting Recreation Participation：The Case of Day Hiking [J]. Leisure Sciences, 1981, 4 (4)：459-476.

[224] ADAMOWICZ W, COYNE J A. A Sequential Choice Model of Recreation Behavior [J]. Western Journal of Agricultural Economics, 1990, 15 (1)：91-99.

[225] PROVENCHER B, BISHOP R C. An Estimable Dynamic Model of Recreation Behavior with an Application to Great Lakes Angling [J]. Journal of Environmental Economics & Management, 2004, 33 (2)：107-127.

[226] TARRANT M A, CORDELL H K. Environmental Justice and the Spatial Distribution of Outdoor Recreation Sites：an Application of Geographic Information Systems. [J]. Journal of Leisure Research, 1999, 31 (1)：18-34.

［227］KLISKEY A D. Recreation Terrain Suitability Mapping：A Spatially Explicit Methodology for Determining Recreation Potential for Resource Use Assessment ［J］. Landscape And Urban Planning，2000，52（1）：33-43.

［228］FLEISHMAN L，FEITELSON E. An Application of the Recreation Level of Service Approach to Forests in Israel ［J］. Landscape & Urban Planning，2009，89（3-4）：86-97.

［229］BEECO J A，HALLO J C，BROWNLEE M. GPS Visitor Tracking and Recreation Suitability Mapping：Tools for Understanding and Managing Visitor use ［J］. Landscape & Urban Planning，2014，127：136-145.

［230］SCHOLTE S，DAAMS M，FARJON H，et al. Mapping Recreation as an Ecosystem Service：Considering Scale，Interregional Differences and the Influence of Physical Attributes ［J］. Landscape and Urban Planning，2018，175：149-160.

［231］BIEDENWEG L. Is Recreation a Landscape Value?：Exploring Underlying Values in Landscape Values Mapping ［J/OL］. Landscape and Urban Planning，2019，185：24-27 ［2023-04-26］. https：//www. zhangqiaokeyan. com/journal-foreign-detail/0704023941166. html.

［232］KOMOSSA F，WARTMANN F M，VERBURG P H. Expanding the Toolbox：Assessing Methods for Local Outdoor Recreation Planning ［J/OL］. Landscape and Urban Planning，2021，212 ［2023-04-26］. https：//www. zhangqiaokeyan. com/journal-foreign-detail/0704028873143. html.

［233］POWERS S，LEE K J J，PITAS N，et al. Understanding Access And Use of Municipal Parks and Recreation Through an Intersectionality Perspective ［J/OL］. Journal of Leisure Research，2020 ［2023-04-26］. http：//www. tandfonline. com/doi/full/10. 1080/00222216. 2019. 1701965. DOI：10. 1080/00222216. 2019. 1701965.

［234］冯维波. 城市游憩空间分析与整合研究 ［D/OL］. 重庆大学，2007

［2023 - 04 - 26］. https：//kns. cnki. net/kcms2/article/abstract？v =
3uoqIhG8C447WN1SO36whBaOoOkzJ23ELn＿- 3AAgJ5enmUaXDTPHr
LbreC＿uL7k0Y5phqiSUHX＿9DOnxTJ5RH3twhj4ZDQCo&uniplatform =
NZKPT.

［235］王云才，郭焕成. 略论大都市郊区游憩地的配置——以北京市为例
［J］. 旅游学刊，2000（2）：54-58.

［236］吴承照. 现代城市游憩规划设计理论与方法［M］. 第 1 版. 北京：
中国建筑工业出版社，1998.

［237］吴必虎. 大城市环城游憩带（ReBAM）研究——以上海市为例
［J］. 地理科学，2001（4）：354-359.

［238］黄家美. 城市游憩空间结构研究［D/OL］. 安徽师范大学，2005
［2023 - 04 - 30］. https：//kns. cnki. net/kcms2/article/abstract？v =
Mio27DFCfpAOcUg0Fsj-4TGYO1dCWWyKEeQDVdPYCZJEaYfKwHPja
7aFpar20lsV8IKOnG2PyYUB48DT1JC4O8js1I16ATN9GwgSNGLFTXvm8lP
Exsb6Mg = = &uniplatform = NZKPT&language = gb.

［239］宋文丽. 城市游憩空间结构优化研究［D/OL］. 大连理工大学，
2006［2023-04-30］. https：//kns. cnki. net/kcms2/article/abstract？v =
3uoqIhG8C475KOm_zrgu4h_jQYuCnj_co8vp4jCXSivDpWurecxFtDcqHpZHx_
3I1YD3A02LmfOHJCAm8u5j9ualueKdIjNC&uniplatform = NZKPT.

［240］叶圣涛，保继刚. ROP-ENCS：一个城市游憩空间形态研究的类型
化框架［J］. 热带地理，2009，29（3）：295-300.

［241］吕红. 城市公园游憩活动与其空间关系的研究［D/OL］. 山东农业大
学，2013［2023-04-30］. https：//kns. cnki. net/kcms2/article/abstract？
v = 3uoqIhG8C447WN1SO36whHG - SvTYjkCc7dJWN＿daf9c2 - IbmsiY-
fKmNtzFHcYJy1cCcpoS7 - ZDMNth2WOp1DZqzTuTPn4Sdj&uniplatform =
NZKPT.

［242］陈渝. 城市游憩规划的理论建构与策略研究［D/OL］. 华南理工大学，

2013 ［2023－04－26］. https：//kns. cnki. net/kcms2/article/abstract?
v = 3uoqIhG8C447WN1SO36whHG－SvTYjkCc7dJWN＿daf9c2－IbmsiY-
fKlrPdojEHzH＿lZmoBmqhdYElDnXUH4J－lKFDm3FFc7rc&uniplatform =
NZKPT.

［243］余玲，刘家明，李涛，等. 中国城市公共游憩空间研究进展［J］.
地理学报，2018，73（10）：1923-1941.

［244］GODBEY G. Leisure in Your Life［M］. Edmonton：Venture Publishing,
Inc. , 2007.

［245］MARANS R W，严小婴. 衡量世界大都市的生活质量——底特律经
验［J］. 建筑学报，2007（2）：9-13.

［246］DAVID J R，WILLIAM L L，DENNIS EUGENE R，et al. Managing for
Healthy Ecosystems［M］. Boca Raton：CRC Pr I Llc.

［247］BUDRUK M，PHILLIPS R. Quality－of－Life Community Indicators for Parks,
Recreation and Tourism Management［M/OL］. Springer Netherlands，2011
［2023－04－26］. http：//www. researchgate. net/publication/309179519＿
Quality＿of＿Life＿Indicators＿for＿Parks＿Recreation＿and＿Tourism＿Manage-
ment. DOI：10. 1007/978－90－481－9861－0.

［248］WHOQOL：Measuring Quality of Life，The World Health Organization
［EB/OL］. ［2023－04－26］. https：//www. who. int/tools/whoqol.

［249］YUMPU. COM. Location Evaluation and Quality of Living Reports－IMer-
cer. com［EB/OL］//yumpu. com. ［2023－04－26］. https：//
www. yumpu. com/en/document/view/29995293/location－evaluation－
and－quality－of－living－reports－imercercom.

［250］WALL G. Outdoor Recreation in Canada［J/OL］. Outdoor Recreation in
Canada，1989［2023－04－26］. http：//leg-horizon. gnb. ca/cgi-bin/
koha/opac-detail. pl? biblionumber = 6377. DOI：http：//dx. doi. org/.

［251］时珍. 郑州主城区公园绿地时空分布与供需协同性研究［D/OL］. 河

南农业大学, 2021 [2023-04-26]. https：//kns. cnki. net/kcms2/article/abstract？v = 3uoqIhG8C475KOm_zrgu4lQARvep2SAkueNJRSNVX - zc5TVHKmDNkqyjNsy4uuoFQngUOsAlLsxL - noqvx6iXrkudCrvxmNd&uniplatform = NZKPT. DOI：10. 27117/d. cnki. ghenu. 2021. 000375.

[252] 张红娟. 基于供需视角的流域生态系统服务综合评估 [D/OL]. 西北大学, 2020 [2023-04-26]. https：//kns. cnki. net/kcms2/article/abstract？v = 3uoqIhG8C447WN1SO36whLpCgh0R0Z - iszBRSG4W40qHYXhao9i2hrckX6OfDD6V9eYgAhmmyxX8aROW6Jfc0AG0wqXDpexH&uniplatform = NZKPT. DOI：10. 27405/d. cnki. gxbdu. 2020. 000168.

[253] 范雪怡. 供需视角下的湿地公园适应性规划研究 [D/OL]. 浙江大学, 2018 [2023-04-26]. https：//kns. cnki. net/kcms2/article/abstract？v = 3uoqIhG8C475KOm_zrgu4lQARvep2SAkWfZcByc - RON98J6vxPv10ReOvERSDMHNLfVrwJg8YBLeEKKfNPrwjuWysWF5AZCZ&uniplatform = NZKPT.

[254] 陶陶. 价值链视角下我国主题公园盈利模式研究 [D/OL]. 南京艺术学院, 2014 [2023-04-26]. https：//kns. cnki. net/kcms2/article/abstract？v = 3uoqIhG8C475KOm_zrgu4lQARvep2SAkbl4wwVeJ9RmnJRGnwiiNVhpT1pykUcoweEcr3rbUmnzdt_gUw - csCqtAooQhrNNK&uniplatform = NZKPT.

[255] 马毅鑫. 长春桂林路游憩商业区 (RBD) 研究 [D/OL]. 东北师范大学, 2017 [2023-04-26]. https：//kns. cnki. net/kcms2/article/abstract？v = 3uoqIhG8C475KOm_zrgu4lQARvep2SAk - 6BvX81hrs37AaEFpExs0NyvIePZeZ1E1l1HYa7wY4tSxd5OsqnWV08gtJulAf - R&uniplatform = NZKPT.

[256] 李芳艳. 城市社区公园的空间布局与品质评价研究 [D/OL]. 大连理工大学, 2021 [2023 - 04 - 26]. https：//kns. cnki. net/kcms2/article/abstract？v = 3uoqIhG8C475KOm_zrgu4lQARvep2SAkueNJRSNVX - zc5TVHKmDNkjsTZtyDn_5t22zGUSLfGvscAr0LK5HxvmAKxw0IC6g1&uniplatform =

NZKPT. DOI：10. 26991/d. cnki. gdllu. 2021. 001364.

[257] 张良泉. 地方依恋视角的红色旅游资源游憩价值评估研究 [D/OL]. 江西财经大学，2021 [2023 - 05 - 01]. https：//kns. cnki. net/kcms2/article/abstract？v = 3uoqIhG8C475KOm_zrgu4lQARvep2SAkueNJRSNVX － zc5TVHKmDNkilnKYuDMWQ9iwWFGr7HP9ImoZXwlnRMEzbrwO4iZP5w& uniplatform=NZKPT. DOI：10. 27175/d. cnki. gjxcu. 2021. 001422.

[258] 夏雪莹，吴小根，陈婉怡，等. 历史文化街区商业适宜性的游憩者感知研究——以南京夫子庙为例 [J]. 现代城市研究，2022（2）：83-89.

[259] 韩德军，朱道林，迟超月. 基于游憩机会谱理论的贵州省旅游用地分类及开发途径 [J]. 中国土地科学，2014，28（9）：68-75.

[260] 田宏. 基于旅游环境承载力的大富庵旅游地开发研究 [D/OL]. 北京林业大学，2007 [2023-04-26]. https：//kns. cnki. net/kcms2/article/abstract？v = 3uoqIhG8C475KOm_zrgu4lQARvep2SAk6X_k1IQG NCLwAgnuJ－hC0－T3wYhPyUKKkPllOAGOG7YzCk72QTc7wJDqoO0F1pXMF& uniplatform=NZKPT.

[261] 王忠君. 基于园林生态效益的圆明园公园游憩机会谱构建研究 [D/OL]. 北京林业大学，2013 [2023-04-26]. https：//kns. cnki. net/kcms2/article/abstract？v = 3uoqIhG8C447WN1SO36whHG－SvTYjkCc7 dJWN_daf9c2－IbmaiYfKhZ4W_Ul　80TSiyqjvvlNy3KC9Rulıw6－Auam11vNvKLs& uniplatform=NZKPT.

[262] 蔡君. 略论游憩机会谱（Recreation Opportunity Spectrum，ROS）框架体系 [J]. 中国园林，2006（7）：73-77.

[263] 张杨，于冰沁，谢长坤，等. 基于因子分析的上海城市社区游憩机会谱（CROS）构建 [J]. 中国园林，2016，32（6）：52-56.

[264] 吴承照，方家，陶聪. 城市公园游憩机会谱（ROS）与可持续性研究——以上海松鹤公园为例 [C/OL] //中国风景园林学会 2011 年会

论文集（下册）. 中国风景园林学会，2011：333-340 ［2023-04-26］.
https：//kns. cnki. net/kcms2/article/abstract？ v = 3uoqIhG8C467SBiO
vrai6S0v32EBguHnM4c5glNtQ3l-OzwTsGZjCfR_S5oOlUG3GuqU8du6rvx0
DIqjIZ2irFctyGZp1zg6& uniplatform = NZKPT.

［265］ 王敏，彭英. 基于游憩机会谱理论的城市公园体系研究——以安徽
省宁国市为例 ［J］. 规划师，2017，33（6）：100-105.

［266］ 王海珣. 基于游客身份和出行频率的城市公园不同类型群体游憩偏
好研究 ［D/OL］. 安徽农业大学，2018 ［2023-04-26］. https：//
kns. cnki. net/kcms2/article/abstract？ v = 3uoqIhG8C475KOm_zrgu4l
QARvep2SAkWfZcByc-RON98J6vxPv10S-8QbF0vJTjYCznCEjsRP6r4
ipapsew7cjXO_G9baa9&uniplatform = NZKPT.

［267］ 王晖，田国行. 游憩机会谱在森林公园游憩中的应用与研究 ［J］.
北方园艺，2014（2）：85-88.

［268］ 杨会娟，李春友，刘金川. 中国森林公园游憩机会谱系（CFROS）
构建初探 ［J］. 中国农学通报，2010，26（15）：407-410.

［269］ STANIS S, SCHNEIDER I E, SHINEW K J, et al. Physical Activity and
the Recreation Opportunity Spectrum：Differences in Important Site Attrib-
utes and Perceived Constraints ［J］. Journal of Park & Recreation Admin-
istration，2009，27（4）：73-91.

［270］ 林广思，李雪丹，茌文秀. 城市公园的环境—活动游憩机会谱模型研
究——以广州珠江公园为例 ［J］. 风景园林，2019，26（6）：72-78.

［271］ 言语，徐磊青. 地块公共空间孤岛及其疏解——基于 TOD 步行体系
三维网络建模的行为学实证 ［J］. 风景园林，2021，28（5）：42-50.

［272］ 安东尼吉登斯，田禾（译）. 现代性的后果 ［M］. 南京：译林出版
社，2000.

［273］ 近一年内 郑州20多万人拿到驾照 ［EB/OL］. 大河网 ［2023-04-26］.
http：//newpaper. dahe. cn/hnsb/html/2022-04/12/content_559385. htm.

[274] 刘亚楠. 共享单车发展研究分析 [J]. 时代金融, 2017 (8): 251, 254.

[275] 薛跃, 杨同宇, 温素彬. 汽车共享消费的发展模式及社会经济特性分析 [J]. 技术经济与管理研究, 2008 (1): 54-58.

[276] 李彦红, 刘滔. 推出《北京公园红色旅游地图》公园红色景点成市民 "网红打卡地" [J]. 绿化与生活, 2021 (8): 24-28.

[277] 桂勇, 黄荣贵. 社区社会资本测量: 一项基于经验数据的研究 [J]. 社会学研究, 2008 (3): 122-142, 244-245.

[278] 周建国. 社会资本及其非均衡性分布的负面影响 [J]. 浙江学刊, 2002 (6): 182-185.

[279] 李小云. 面向原居安老的城市老年友好社区规划策略研究 [D/OL]. 华南理工大学, 2012 [2023-04-26]. https://kns.cnki.net/kcms2/article/abstract? v = 3uoqIhG8C447WN1SO36whHG - SvTYjkCc7dJWN _ daf9c2 - IbmsiYfKkH5umqnuDNzI _ DgzCbIVAudxNoIUUeC1D0KUIpq R4AB&uniplatform = NZKPT.

[280] 王晨. 基于心理舒适偏好的旧城区城市肌理优化标准与策略研究 [D/OL]. 天津大学, 2020 [2023-04-26]. https://kns.cnki.net/kcms2/article/abstract? v = 3uoqIhG8C475KOm_zrgu4lQARvep2SAkue NJRSNVX - zc5TVHKmDNksfA - iakiBqR63cauMHl3vGVbDyxCJhomz 2vVVY - 9659&uniplatform = NZKPT. DOI: 10. 27356/d. cnki. gtjdu. 2020. 000498.

[281] Fear of falling and Associated Activity Restriction in Older People. Results of a Cross-sectional Study Conducted in a Belgian Town [J]. Archives of Public Health, 2012, 70 (1): 1-1.

[282] 黄建洪, 孙崇明. 城市社区空间异化问题及其治理路径 [J]. 学习与实践, 2016 (11): 86-92.

[283] MANNELL R C, ISO-AHOLA S E. Psychological Nature of Leisure and

Tourism Experience ［J］. Annals of Tourism Research，1987，14 （3）：314-331.

［284］ KAPLAN S. The Restorative Benefits of Nature：Toward an Integrative Framework ［J］. Journal of Environmental Psychology，1995，15 （3）：169-182.

［285］ LANG P J，BRADLEY M M. Emotion and the Motivational Brain ［J］. Biological Psychology，2010，84 （3）：437-450.

［286］ DILLARD J E，BATES D L. Leisure Motivation Revisited：Why People Recreate ［J］. Managing Leisure，2011，16 （4）：253-268.

［287］ PETERSON J，ZMUDY M H. Underprivileged Youths' Participation in Nature – Based Outdoor Recreation：Motivations，Constraints，and Barriers ［J］. The International Journal of Sport and Society，2017，8 （4）：1-18.

［288］ 谭文勇，夏琴. 基于感知可达性的山地社区公园规划设计研究——以贵阳市未来方舟生态城公园为例 ［J］. 园林，2021，38 （2）：65-72.

［289］ 侯韫婧. 基于休闲体力活动的公园空间特征识别及优化模式研究 ［D/OL］. 哈尔滨工业大学，2019 ［2023-04-26］. https：//kns. cnki. net/kcms2/article/abstract？v=3uoqIhG8C447WN1SO36whLp Cgh0R0Z-iVBgRpfJBcb4JAybTo8M4lqkWOWsiqLtFPxQYLJ2F2aD_PQ9 EMjb4nPsn Zt4vA7sP&uniplatform=NZKPT. DOI：10. 27061/d. cnki. ghgdu. 2019. 000102.

［290］ 陈渝. 游憩制约与规划的应对——以苏州为例 ［J］. 南方建筑，2016 （6）：88-93.

［291］ 张彪，谢紫霞，郝亮，等. 上海城市绿地休闲游憩服务供给状况评估 ［J］. 生态科学，2022，41 （2）：114-123.

［292］ 张凌菲，徐煜辉，付而康，等. 国内外城市绿地游憩制约研究进展

与启示［J］. 风景园林，2021，28（3）：62-68.

［293］王洁宁，王浩. 新版《城市绿地分类标准》探析［J］. 中国园林，2019，35（4）：92-95.

［294］吴必虎，董莉娜，唐子颖. 公共游憩空间分类与属性研究［J］. 中国园林，2003（5）：49-51.

［295］何湘. 城市绿地分类探讨［J］. 中国园林，1993（2）：35-41.

［296］张贝贝. 基于市民游憩视角论城市绿地分类［J］. 工程建设与设计，2018（10）：32-33.

［297］汤晓敏. 上海城市公园游憩空间评价与更新研究［M］. 第1版. 上海：上海交通大学出版社，2019.

［298］方家，吴承照. 基于游憩理论的城市开放空间规划研究［M］. 第1版. 上海：同济大学出版社，2017.

［299］雷茜. 长沙市城市公园老年人游憩影响因素研究［D/OL］. 中南林业科技大学，2018［2023-04-26］. https：//kns. cnki. net/kcms2/article/abstract？v＝3uoqIhG8C475KOm_zrgu4lQARvep2SAkZIGkvqfmUZglMdu7fCR48zPn4tBjOBDYI4-p8yBCK2B5780hddw6jzhg8RVJaz3N&uniplatform＝NZKPT.

［300］易浪，柏智勇. 长沙城市公园绿地游憩行为特征调查与研究［J］. 中南林业科技大学学报（社会科学版），2016，10（2）：70-73，77.

［301］王春雷. 基于使用者行为需求的长春市南湖公园空间优化研究［D/OL］. 东北师范大学，2016［2023-04-26］. https：//kns. cnki. net/kcms2/article/abstract？v＝3uoqIhG8C475KOm_zrgu4lQARvep2SAkkyu7xrzFWukWIylgpWWcEmhXP7mJIU0lMZGoASzVgbvwBUjPUP_1oH5a5pXJi28a&uniplatform＝NZKPT.

［302］方传珊. 基于空间公正理念的城市生态游憩空间测评与优化［D/OL］. 西安外国语大学，2019［2023-04-26］. https：//kns. cnki. net/kcms2/article/abstract? v = 3uoqIhG8C475KOm_zrgu4lQARvep2SAkOsSu GHvNoCRcTRpJSuXuqdy070lw9BS7iETIeJbfNIGj0n3EDE1cB6lTslBRX7 oH&uniplatform = NZKPT.

［303］ 任丽丽，万清旭．青岛市户外公共游憩空间的可达性分析［J］．地理空间信息，2016，14（7）：78-81+6.

［304］ 宋聪．基于结构方程模型（SEM）的绿道使用满意度评价研究［D/OL］．中南林业科技大学，2019［2023-04-26］．https：//kns.cnki.net/kcms2/article/abstract? v = 3uoqIhG8C475KOm_zrgu4lQARvep 2SAkEcTG K3Qt5VuzQzk0e7M1z3m0DVAksitAFULppuQWqRvfyWQrNzYp 9XI55z4YKlu O&uniplatform = NZKPT.

附　录

附录1

城市公园生活品质提升调查问卷

尊敬的先生/女士：

您好！我们是河南农业大学的本科生，现正在进行一项关于城市该公园的调查活动。本问卷的数据只用于统计分析，请放心填写。题目选项无对错之分，请您根据自己的实际情况填写。本问卷会耽误您几分钟的时间，对此深表歉意，真诚地希望能够得到您的配合，谢谢！都是单选题，请您在认为正确的选项上打"√"。

自身感受	根本没有	几乎没有	没感觉	有	有很多	得分值
A1. 您的身体状况是否提升？						
A2. 您患病的概率是否降低？						
A3. 您的患病状况是否好转？						
A4. 对身体健康满意程度是否提高？						
A5. 精神压力是否得到缓解？						
A6. 心情愉悦的天数是否增加？						
B1. 和亲朋好友的关系是否更加和谐？						
B2. 与同社区居民的熟悉度是否有增加？						
B3. 工作以外的人际交往频率是否有增加？						
C1. 对周边社会环境的了解是否得到拓展？						

自身感受	根本没有	几乎没有	没感觉	有	有很多	得分值
C2. 对周边环境熟悉程度是否有提升？						
C3. 对居住地的满意度是否有增加？						
C4. 运动的意愿是否有提升？						
C5. 对生活的满意度是否有提升？						
D1. 是否更愿意成为志愿者，参与社区活动？						
D2. 是否更愿意尝试融入他人的圈子？						
D3. 是否对个人与城市的关系有了新的认识？						

附录 **2**

请选出公园中您最喜爱的活动类型

您好！我们是河南农业大学的本科生，现正在进行一项关于城市该公园的调查活动。本问卷的数据只用于统计分析，请放心填写！感谢您的支持！

在下列游憩活动类型中，您在本公园中最喜爱的活动类型是？（在选项后面打勾即可）

1. 计划性体育活动

跑步、竞走、划船、跳绳、羽毛球、乒乓球、足球、篮球、游泳、踢毽子、滑板……

2. 兴趣爱好类活动

跳舞、唱歌、唱戏、钓鱼、打牌、直播、摄影、画画、室外书法、做操、打陀螺、健身设施……

3. 休闲类活动

散步、赏景、看人、拍照、休息、遛狗、带娃、野营……

请选择您来此公园游玩的频率

您来此地游玩的频率大概是多久一次？（在选项后面打勾即可）

1. 几乎每天

2. 大概每周

3. 大概每个月或更久

附录 3

郑州城市该公园调查问卷

尊敬的先生/女士：

您好！我们是河南农业大学的本科生，现正在进行一项关于城市该公园的调查活动。本问卷的数据只用于统计分析，请放心填写。问卷实行匿名制，对您的个人信息将完全保密。题目选项无对错之分，请您根据自己的实际情况填写。本问卷会耽误您几分钟的时间，对此深表歉意，真诚地希望能够得到您的配合，谢谢！都是单选题，请您在认为正确的选项上打"√"。

一、个人基本信息

1. 您的性别	1. 男	2. 女
2. 您的政治面貌	1. 党员	2. 群众
3. 您的婚姻状况	1. 未婚	2. 已婚
4. 您的居住情况	1. 本地人	2. 外地人未定居
	3. 外地人已定居	
5. 您的年龄	1. 30 岁以下	2. 30~40 岁
	3. 40~50 岁	4. 50~60 岁
	5. 60 岁以上	
6. 您的文化程度	1. 高中及以下	2. 大专
	3. 本科	
	4. 硕士	5. 博士
7. 您的家庭经济状况	1. 十分困难	2. 说得过去
	3. 基本小康	4. 富有
	5. 非常富有	

8. 您的月收入水平　　　　1. 没有收入　　　　2. 3000 元以下

　　　　　　　　　　　　3. 3000～6000 元　　4. 6000～10000 元

　　　　　　　　　　　　5. 10000 元以上

9. 您在本社区的家庭成员数

1. 单身　　　　　　　　2. 两口　　　　　　　3. 一家三口

4. 一家多口　　　　　　5. 一家多代

二、公园空间资源调查量表

X1. 您对该公园的绿色植物规模评价是

1. 很差　　2. 比较小　　3. 一般　　4. 比较大　　5. 规模巨大

X2. 您觉得该公园中的绿化植物种类丰富吗

1. 没有绿化　　　　　　2. 十分单一　　　　　3. 不太丰富

4. 比较丰富　　　　　　5. 非常丰富

X3. 您认为该公园的植物修剪与保养水平如何

1. 完全没有　　　　　　2. 不是很好　　　　　3. 需加大力度

4. 基本达标　　　　　　5. 堪称一流

X4. 您对该公园在植物选择上的满意度如何

1. 极度不满　　　　　　2. 需要改善　　　　　3. 还可以

4. 基本满意　　　　　　5. 无可挑剔

X5. 您认为该公园树木的覆盖度怎么样

1. 根本没树　　　　　　2. 比较稀松　　　　　3. 还可以

4. 枝繁叶茂　　　　　　5. 遮天蔽日

X6. 您觉得来该公园的交通便利吗

1. 非常困难　　　　　　2. 比较困难　　　　　3. 还可以

4. 还算方便　　　　　　5. 非常便利

X7. 您觉得在该公园中进行消费是否方便（购买水、小食、纸巾、玩具等）

1. 完全没有　　　　　　2. 不太方便　　　　　3. 一般

4. 比较便利　　　　　　5. 非常便利

X8. 您认为该公园在机动车管理方面做得怎么样

1. 非常差劲　　　　　　2. 需要整改　　　　　3. 水平一般

4. 还算不错　　　　　　5. 堪称一流

X9. 您认为该公园距离您家

1. 非常遥远　　　　　　2. 比较远　　　　　　3. 一般

4. 很近　　　　　　　　5. 非常近

X10. 您觉得该公园的雨水堆积情况

1. 令人担忧　　　　　　2. 不太好　　　　　　3. 一般

4. 还算可以　　　　　　5. 完全没问题

X11. 您认为该公园的总体设计怎么样

1. 非常差　　　　　　　2. 比较差　　　　　　3. 落后但不差

4. 比较好　　　　　　　5. 非常棒

X12. 您觉得该公园内的步道规划

1. 非常差　　　　　　　2. 不太合理　　　　　3. 需要改进

4. 比较合理　　　　　　5. 非常完美

X13. 您认为该公园的停车位

1. 车满溢出　　　　　　2. 比较局促　　　　　3. 刚好够用

4. 比较充足　　　　　　5. 非常充足

X14. 您认为该公园的公共卫生

1. 脏乱差　　　　　　　2. 比较脏　　　　　　3. 一般

4. 比较整洁　　　　　　5. 非常干净

X15. 您认为该公园的监控数量

1. 完全没有　　　　　　2. 数量很少　　　　　3. 基本够用

4. 比较够用　　　　　　5. 到处都是

X16. 您认为该公园可供落座的地方

1. 根本没有　　　　　　2. 不太够用　　　　　3. 基本够用

4. 比较充足　　　　　　5. 非常充足

X17. 您认为该公园的健身设施

1. 根本没有　　　　　　2. 不太够用　　　　　3. 基本够用

4. 比较充足　　　　　　5. 非常充足

X18. 您认为该公园中的避雨设施

1. 根本没有　　　　　2. 不太够用　　　　　3. 基本够用

4. 比较充足　　　　　5. 非常充足

X19. 您觉得该公园的广场面积是否充足

1. 根本没有　　　　　2. 不太够用　　　　　3. 基本够用

4. 比较充足　　　　　5. 非常广阔

X20. 您认为该公园的亲子游乐设施

1. 根本没有　　　　　2. 不太够用　　　　　3. 基本够用

4. 比较充足　　　　　5. 非常充足

X21. 您觉得该公园的夜晚光照度是否充足

1. 根本没有　　　　　2. 不太够用　　　　　3. 基本够用

4. 比较充足　　　　　5. 非常充足

X22. 您觉得该公园中的老人活动设施安全吗

1. 非常危险　　　　　2. 不太安全　　　　　3. 还可以

4. 基本安全　　　　　5. 非常安全

X23. 您觉得该公园中的儿童活动设施安全吗

1. 非常危险　　　　　2. 不太安全　　　　　3. 还可以

4. 基本安全　　　　　5. 非常安全

X24. 您觉得该公园中的个人活动种类是否丰富

1. 极度匮乏　　　　　2. 不怎么丰富　　　　3. 一般般

4. 比较丰富　　　　　5. 多姿多彩

X25. 您觉得该公园中的儿童活动空间是否充足

1. 根本没有　　　　　2. 不太够用　　　　　3. 基本够用

4. 比较充足　　　　　5. 非常充足

X26. 请您对该公园的公用洗手池数量作出评价

1. 根本没有　　　　　2. 非常少　　　　　　3. 不太够用

4. 基本够用　　　　　5. 非常充足

X27. 请您对该公园的公共厕所的数量做出评价

1. 根本没有　　　　　2. 非常少　　　　　　3. 不太够用

4. 基本够用　　　　　5. 非常充足

X28. 请您对该公园的垃圾桶的数量做出评价

1. 根本没有　　　　　　2. 非常少　　　　　　3. 不太够用

4. 基本够用　　　　　　5. 非常充足

X29. 您觉得平时该公园热闹吗

1. 几乎没人　　　　　　2. 人很少　　　　　　3. 还可以

4. 比较热闹　　　　　　5. 人山人海

X30. 您认为该公园里买吃的喝的

1. 没有　　　　　　　　2. 非常少　　　　　　3. 不太方便

4. 比较方便　　　　　　5. 到处都是

三、公园个人空间感知量表

Y1. 您在该公园内平均每次逗留时间是多久

1. 十几分钟　　　　　　2. 一小时之内　　　　3. 两小时之内

4. 一上午或一下午　　　5. 大半天

Y2. 您接受陪您去该公园的是谁

1. 自己　　　　　　　　2. 家人　　　　　　　3. 家人或朋友

4. 家人、朋友或同事　　5. 谁都行

Y3. 您认为该公园使您收获了知识吗

1. 根本没有　　　　　　2. 很少　　　　　　　3. 一般

4. 比较认同　　　　　　5. 非常认同

Y4. 您认为您在该公园中获得了自信吗

1. 根本没有　　　　　　2. 很少　　　　　　　3. 一般

4. 比较认同　　　　　　5. 非常认同

Y5. 您在该公园内与他人的交流意愿如何

1. 根本没有　　　　　　2. 很少　　　　　　　3. 一般

4. 比较乐意　　　　　　5. 非常乐意

Y6. 您认为该公园在您的生活中是不可或缺的吗

1. 并没有　　　　　　　2. 无所谓　　　　　　3. 还行

4. 比较认同　　　　　　5. 非常赞同

Y7. 您在该公园内愿意对他人进行帮助吗

1. 不愿意　　　　　　2. 不太情愿　　　　　　3. 要看回报

4. 比较乐意　　　　　　5. 心甘情愿

Y8. 您对在该公园内获得他人帮助的期待是什么

1. 根本没有　　　　　　2. 不太指望　　　　　　3. 一般

4. 比较期待　　　　　　5. 总有人帮我

Y9. 在该公园内您对儿童进行植物教育的意愿是什么

1. 根本没有　　　　　　2. 很少　　　　　　3. 一般

4. 比较有意愿　　　　　　5. 非常有意愿

Y10. 您认为您在该公园里是从属于自然的一部分

1. 根本没有　　　　　　2. 很少　　　　　　3. 一般

4. 经常是　　　　　　5. 一直都是

Y11. 您认为该公园使您获得了更健康的身体

1. 根本没有　　　　　　2. 没什么感觉　　　　　　3. 还行吧

4. 有时候是　　　　　　5. 非常赞同

Y12. 您认为该公园中的孩子们活动积极性强吗

1. 根本没有　　　　　　2. 不太强　　　　　　3. 还可以

4. 比较强　　　　　　5. 非常强

Y13. 您希望该公园内其他人注意到您吗

1. 根本不希望　　　　　　2. 保持低调　　　　　　3. 无所谓

4. 比较乐意　　　　　　5. 非常荣幸

Y14. 您希望您在该公园中留下的公众印象是什么

1. 毫无存在感　　　　　　2. 普通　　　　　　3. 无所谓

4. 比较个性　　　　　　5. 独一无二

Y15. 您认为该公园中的集体活动文化怎样的

1. 根本没有　　　　　　2. 文化较低　　　　　　3. 比较平庸

4. 较为亮眼　　　　　　5. 非常有特色

Y16. 您对该公园的集体活动的参与意愿是什么

1. 完全没兴趣　　　　　　2. 比较没兴趣　　　　　　3. 无所谓

4. 比较乐意　　　　　　5. 十分向往

Y17. 您认为该公园可以用来交朋友吗

1. 从没想过　　　　2. 不太认同　　　　3. 不排斥

4. 比较认同　　　　5. 非常认同

Y18. 该公园是否让您获得了更多的个人兴趣爱好

1. 根本没有　　　　2. 很少　　　　　　3. 还可以

4. 比较多　　　　　5. 非常多

Y19. 您觉得该公园整体的历史文化性是怎样的

1. 根本没有　　　　2. 很少　　　　　　3. 平庸

4. 比较有文化　　　5. 非常有文化

Y20. 您给本该公园的管理水平打分是（1～5分，1是最差，5是最好）

1. 1分　　　　　　2. 2分　　　　　　3. 3分

4. 4分　　　　　　5. 5分

Y21. 您认为在该公园中来自陌生人的安全威胁？

1. 非常强烈　　　　2. 比较强烈　　　　3. 一般

4. 很少　　　　　　5. 完全没有

Y22. 在该公园里您是否认为自己属于郑州的一部分？

1. 完全没有　　　　2. 很少　　　　　　3. 一般

4. 经常是　　　　　5. 一直都是

非常感谢，祝您生活愉快！

以下内容由调查员填写：

调查员编号：_____　公园名称：_____　调查时间：____月____日____时